"十三五"国家重点图书出版规划项目
"中国果树地方品种图志"丛书

中国板栗
地方品种图志

曹尚银　孙其宝　等　著

中国林业出版社

"十三五"国家重点图书出版规划项目
"中国果树地方品种图志"丛书

Castanea

中国板栗
地方品种图志

图书在版编目（CIP）数据

中国板栗地方品种图志 / 曹尚银等著.—北京：中国林业出
版社, 2017.12
（中国果树地方品种图志丛书）

ISBN 978-7-5038-9399-5

Ⅰ.①中… Ⅱ.①曹… Ⅲ.①板栗—品种—中国—图集
Ⅳ.①S664.202.92-64

中国版本图书馆CIP数据核字(2017)第302736号

责任编辑： 何增明　张　华
出版发行： 中国林业出版社（100009 北京西城区刘海胡同7号）
电　　话： 010-83143517
印　　刷： 固安县京平诚乾印刷有限公司
版　　次： 2018年1月第1版
印　　次： 2018年1月第1次印刷
开　　本： 889mm×1194mm　1/16
印　　张： 19
字　　数： 590千字
定　　价： 298.00元

《中国板栗地方品种图志》
著者名单

主著者： 曹尚银　孙其宝

副主著者： 陆丽娟　周军永　尹燕雷　曹秋芬　谢深喜　房经贵　李好先　李天忠

著　者（以姓氏笔画为序）

上官凌飞	马小川	马和平	马学文	马贯羊	马彩云	王 企	王 菲	王 晨	王文战
王合川	王亦学	王春梅	王斯妤	牛 娟	尹燕雷	邓 舒	卢晓鹏	田长平	冯玉增
冯立娟	纠松涛	曲雪艳	朱 博	朱 壹	朱旭东	刘 恋	刘少华	刘贝贝	刘众杰
刘佳芩	刘科鹏	汤佳乐	孙 乾	孙其宝	李天忠	李好先	李贤良	李泽航	李帮明
李晓鹏	李章云	杨选文	杨雪梅	肖 蓉	吴 寒	邹梁峰	冷翔鹏	张 川	张久红
张子木	张文标	张伟兰	张全军	张克坤	张青林	张建华	张春芬	张晓慧	张富红
陆丽娟	陈 璐	陈利娜	陈楚佳	苑兆和	罗 华	罗东红	罗昌国	周 威	周军永
郑 婷	郎彬彬	房经贵	孟玉平	赵亚伟	赵丽娜	赵弟广	赵艳莉	郝兆祥	胡清波
钟 敏	钟必凤	侯乐峰	侯丽嫒	俞飞飞	姜志强	姜春芽	骆 翔	秦英石	袁平丽
袁红霞	聂 琼	聂园军	贾海锋	夏小丛	夏鹏云	倪 勇	徐小彪	徐世彦	高 洁
郭 磊	郭会芳	郭俊杰	唐海霞	唐超兰	涂贵庆	陶俊杰	黄 清	黄春辉	黄晓娇
黄燕辉	曹 达	曹尚银	曹秋芬	戚建锋	崔冬冬	康林峰	梁 建	葛翠莲	董艳辉
敬 丹	焦其庆	谢 敏	谢恩忠	谢深喜	蔡祖国	廖 娇	廖光联	熊 江	潘 斌
薛 辉	薛茂盛	魏海蓉							

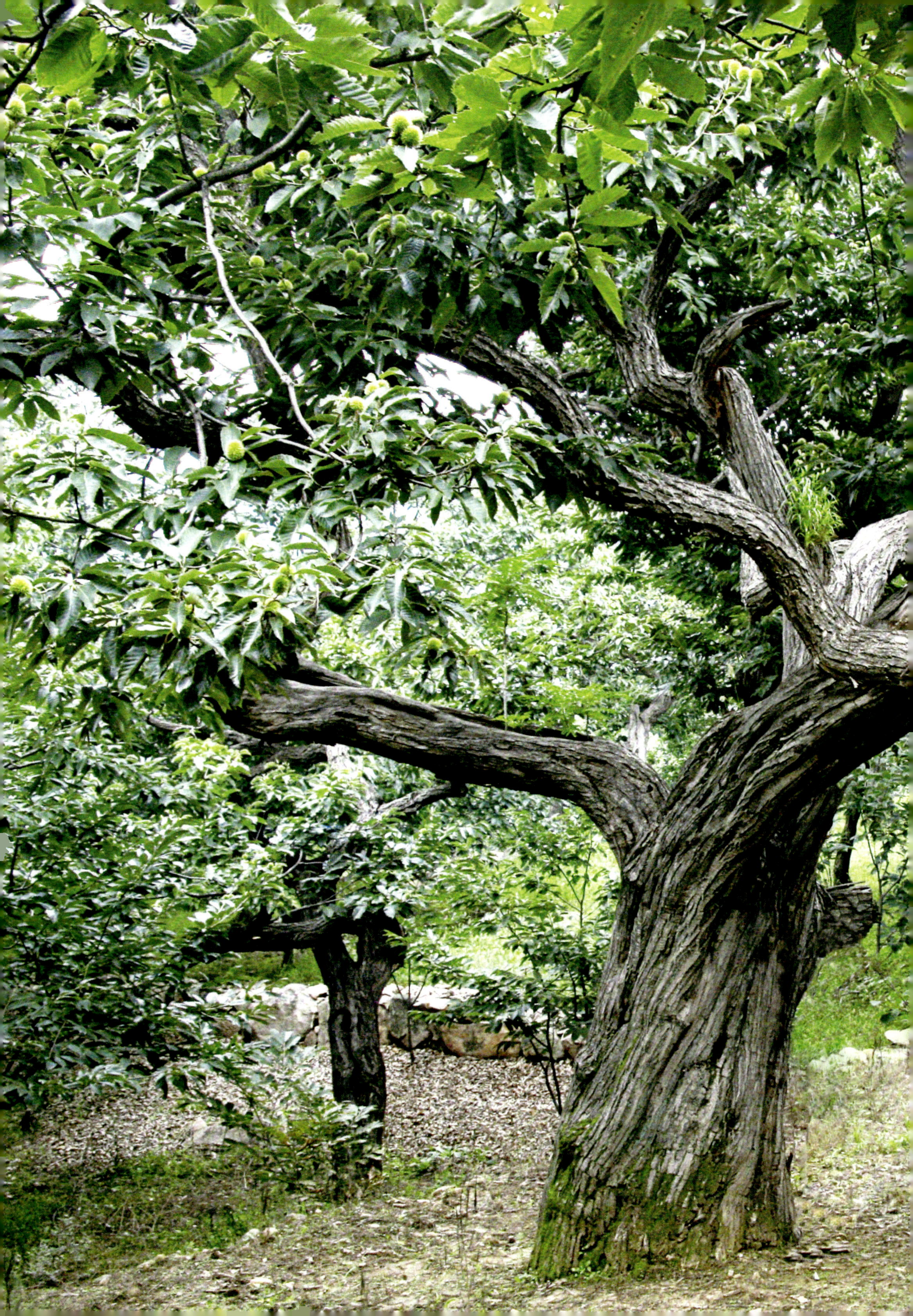

总序一

Foreword One

　　果树是世界农产品三大支柱产业之一，其种质资源是进行新品种培育和基础理论研究的重要源头。果树的地方品种（农家品种）是在特定地区经过长期栽培和自然选择形成的，对所在地区的气候和生产条件具有较强的适应性，常存在特殊优异的性状基因，是果树种质资源的重要组成部分。

　　我国是世界上最为重要的果树起源中心之一，世界各国广泛栽培的梨、桃、核桃、枣、柿、猕猴桃、杏、板栗等落叶果树树种多源于我国。长期以来，人们习惯选择优异资源栽植于房前屋后，并世代相传，驯化产生了大量适应性强、类型丰富的地方特色品种。虽然我国果树育种专家利用不同地理环境和气候形成的地方品种种质资源，已改良培育了许多果树栽培品种，但迄今为止尚有大量地方品种资源包括部分农家珍稀果树资源未予充分利用。由于种种原因，许多珍贵的果树资源正在消失之中。

　　发达国家不但调查和收集本国原产果树树种的地方品种，还进入其他国家收集资源，如美国系统收集了乌兹别克斯坦的葡萄地方品种和野生资源。近年来，一些欠发达国家也已开始重视地方品种的调查和收集工作。如伊朗收集了872份石榴地方品种，土耳其收集了225份无花果、386份杏、123份扁桃、278份榛子和966份核桃地方品种。因此，调查、收集、保存和利用我国果树地方品种和种质资源对推动我国果树产业的发展有十分重要的战略意义。

　　中国农业科学院郑州果树研究所长期从事果树种质资源调查、收集和保存工作。在国家科技部科技基础性工作专项重点项目"我国优势产区落叶果树农家品种资源调查与收集"支持下，该所联合全国多家科研单位、大专院校的百余名科技人员，利用现代化的调查手段系统调查、收集、整理和保护了我国主要落叶果树地方品种资源（梨、核桃、桃、石榴、枣、山楂、柿、樱桃、杏、葡萄、苹果、猕猴桃、李、板栗），并建立了档案、数据库和信息共享服务体系。这项工作摸清了我国果树地方品种的家底，为全国性的果树地方品种鉴定评价、优良基因挖掘和种质创新利用奠定了坚实的基础。

　　正是基于这些长期系统研究所取得的创新性成果，郑州果树研究所组织撰写了"中国果树地方品种图志"丛书。全书内容丰富、系统性强、信息量大，调查数据翔实可靠。它的出版为我国果树科研工作者提供了一部高水平的专业性工具书，对推动我国果树遗传学研究和新品种选育等科技创新工作有非常重要的价值。

中国农业科学院副院长

中国工程院院士　　吴孔明

2017年11月21日

总序二

Foreword Two

  中国是世界果树的原生中心，不仅是果树资源大国，同时也是果品生产大国，果树资源种类、果品的生产总量、栽培面积均居世界首位。中国对世界果树生产发展和品种改良做出了巨大贡献，但中国原生资源流失严重，未发挥果树资源丰富的优势与发展潜力，大宗果树的主栽品种多为国外品种，难以形成自主创新产品，国际竞争力差。中国已有4000多年的果树栽培历史，是果树起源最早、种类最多的国家之一，拥有世界总量3/5果树种质资源，世界上许多著名的栽培种，如白梨、花红、海棠果、桃、李、杏、梅、中国樱桃、山楂、板栗、枣、柿子、银杏、香榧、猕猴桃、荔枝、龙眼、枇杷、杨梅等许多树种原产于中国。原产中国的果树，经过长期的栽培选择，已形成了生态类型众多的地方品种，对当地自然或栽培环境具有较好的适应性。一般多为较混杂的群体，如发芽期、芽叶色泽和叶形均有多种变异，是系统育种的原始材料，不乏优良基因型，其中不少在生产中还在发挥着重要作用，主导当地的果树产业，为当地经济和农民收入做出了巨大贡献。

  我国有些果树长期以来在生产上还应用的品种基本都是各地的地方品种（农家品种），虽然开始通过杂交育种选育果树新品种，但由于起步晚，加上果树童期和育种周期特别长，造成目前我国生产上应用的果树栽培品种不少仍是从农家品种改良而来，通过人工杂交获得的品种仅占一部分。而且，无论国内还是国外，现有杂交品种都是由少数几个祖先亲本繁衍下来的，遗传背景狭窄，继续在这个基因型稀少的池子中捞取到可资改良现有品种的优良基因资源，其可能性越来越小，这样的育种瓶颈也直接导致现有品种改良潜力低下。随着现代育种工作的深入，以及市场对果品表现出更为多样化的需求和对果实品质提出更高的要求，育种工作者越来越感觉到可利用的基因资源越来越少，品种创新需要挖掘更多更新的基因资源。野生资源由于果实经济性状普遍较差，很难在短期内对改良现有品种有大的作为；而农家品种则因其相对优异的果实性状和较好的适应性与抗逆性，成为可在短期内改良现有品种的宝贵资源。为此，我们还急需进一步加大力度重视果树农家品种的调查、收集、评价、分子鉴定、利用和种质创新。

  "中国果树地方品种图志"丛书中的种质资源的收集与整理，是由中国农业科学院郑州果树研究所牵头，全国22个研究所和大学、100多个科技人员同时参与，首次对我国果树地方品种进行较全面、系统调查研究和总结，工作量大，内容翔实。该丛书的很多调查图片和品种性状资料来之不易，许多优异、濒危的果树地方品种资源多处于偏远的山区村庄，交通不便，需跋山涉水、历经艰难险阻才得以调查收集，多为首次发表，十分珍贵。全书图文并茂，科学性和可读性强。我相信，此书的出版必将对我国果树地方品种的研究和开发利用发挥重要作用。

中国工程院院士   *束怀瑞*

2017年10月25日

总 前 言

General Introduction

　　果树地方品种（农家品种）具有相对优异的果实性状和较好的适应性与抗逆性，是可在短期内改良现有品种的宝贵资源。"中国果树地方品种图志"丛书是在国家科技部科技基础性工作专项重点项目"我国优势产区落叶果树农家品种资源调查与收集"（项目编号：2012FY110100）的基础上凝练而成。该项目针对我国多年来对果树地方品种重视不够，致使果树地方品种的家底不清，甚至有的濒临灭绝，有的已经灭绝的严峻状况，由中国农业科学院郑州果树研究所牵头，联合全国多家具有丰富的果树种质资源收集保存和研究利用经验的科研单位和大专院校，对我国主要落叶果树地方品种（梨、核桃、桃、石榴、枣、山楂、柿、樱桃、杏、葡萄、苹果、猕猴桃、李、板栗）资源进行调查、收集、整理和保护，摸清主要落叶果树地方品种家底，建立档案、数据库和地方品种资源实物和信息共享服务体系，为地方品种资源保护、优良基因挖掘和利用奠定基础，为果树科研、生产和创新发展提供服务。

一、我国果树地方品种资源调查收集的重要性

　　我国地域辽阔，果树栽培历史悠久，是世界上最大的栽培果树植物起源中心之一，素有"园林之母"的美誉，原产果树种质资源十分丰富，世界各国广泛栽培的如梨、桃、核桃、枣、柿、猕猴桃、杏、板栗等落叶果树树种都起源于我国。此外，我国从世界各地引种果树的工作也早已开始。如葡萄和石榴的栽培种引入中国已有2000年以上历史。原产我国的果树资源在长期的人工选择和自然选择下形成了种类纷繁的、与特定地区生态环境条件相适应的生态类型和地方品种；而引入我国的果树材料通过长期的栽培选择和自然驯化选择，同样形成了许多适应我国自然条件的生态类型或地方品种。

　　我国果树地方品种资源种类繁多，不乏优良基因型，其中不少在生产中还在发挥着重要作用。比如'京白梨''莱阳梨''金川雪梨'；'无锡水蜜''肥城桃''深州蜜桃''上海水蜜'；'木纳格葡萄'；'沾化冬枣''临猗梨枣''泗洪大枣''灵宝大枣'；'仰韶杏''邹平水杏''德州大果杏''兰州大接杏''郯城杏梅'；'天目蜜李''绥棱红'；'崂山大樱桃''滕县大红樱桃''太和大紫樱桃''南京东塘樱桃'；山东的'镜面柿''四烘柿'，陕西的'牛心柿''磨盘柿'，河南的'八月黄柿'，广西的'恭城水柿'；河南的'河阴石榴'等许多地方品种在当地一直是主栽优势品种，其中的许多品种生产已经成为当地的主导农业产业，为发展当地经济和提高农民收入做出了巨大贡献。

　　还有一些地方果树品种向外迅速扩展，有的甚至逐步演变成全国性的品种，在原产地之外表现良好。比如河南的'新郑灰枣'、山西'骏枣'和河北的'赞皇大枣'引入新疆后，结果性能、果实口感、品质、产量等表现均优于其在原产地的表现。尤其是出产于新疆的'灰枣'和'骏枣'，以其绝佳的口感和品质，在短短5～6年的时间内就风靡全国市场，其在新疆的种植面积也迅速发展逾3.11万hm^2，成为当地名副其实的"摇钱树"。分布范围更广的当属'砀山酥梨'，以其出

色的鲜食品质、广泛的栽培适应性，从安徽砀山的地方性品种几十年时间迅速发展成为在全国梨生产量和面积中达到1/3的全国性品种。

果树地方品种演变至今有着悠久的历史，在漫长的演进过程中经历过各种恶劣的生态环境和毁灭性病虫害的选择压力，能生存下来并获得发展，决定了它们至少在其自然分布区具有良好的适应性和较为全面的抗性。绝大多数地方品种在当地栽培面积很小，其中大部分仅是散落农家院中和门前屋后，甚至不为人知，但这里面同样不乏可资推广的优良基因型；那些综合性状不够好、不具备直接推广和应用价值的地方品种，往往也潜藏着这样或那样的优异基因可供发掘利用。

自20世纪中叶开始，国内外果树生产开始推行良种化、规模化种植，大规模品种改良初期果树产业的产量和质量确实有了很大程度的提高；但时间一长，单一主栽品种下生物遗传多样性丧失，长期劣变积累的负面影响便显现出来。大面积推广的栽培品种因当地的气候条件发生变化或者出现新的病害受到毁灭性打击的情况在世界范围内并不鲜见，往往都是野生资源或地方品种扮演救火英雄的角色。

20世纪美国进行的美洲栗抗栗疫病育种的例子就是证明。栗疫病由东方传入欧美，1904年首次见于纽约动物园，结果几乎毁掉美国、加拿大全部的美洲栗，在其他一些国家也造成毁灭性的影响。对栗疫病敏感的还有欧洲栗、星毛栎和活栎。美国康涅狄格州农业试验站从1907年开始研究栗疫病，这个农业试验站用对栗疫病具有抗性的中国板栗和日本栗作为亲本与美洲栗杂交，从杂交后代中选出优良单株，然后再与中国板栗和日本栗回交。并将改良栗树移植进野生栗树林，使其与具有基因多样性的栗树自然种群融合，产生更高的抗病性，最终使美洲栗产业死而复生。

我国核桃育种的例子也很能说明问题。新疆核桃大多是实生地方品种，以其丰产性强、结果早、果个大、壳薄、味香、品质优良的特点享誉国内外，引入内地后，黑斑病、炭疽病、枝枯病等病害发生严重，而当地的华北核桃种群则很少染病，因此人们认识到华北核桃种群是我国核桃抗性育种的宝贵基因资源。通过杂交，华北核桃与新疆核桃的后代在发病程度上有所减轻，部分植株表现出了较强的抗性。此外，我国从铁核桃和普通核桃的种间杂种中选育出的核桃新品种，综合了铁核桃和普通核桃的优点，既耐寒冷霜冻，又弥补了普通核桃在南方高温多湿环境下易衰老、多病虫害的缺陷。

'火把梨'是云南的地方品种，广泛分布于云南各地，呈零散栽培状态，果皮色泽鲜红艳丽，外观漂亮，成熟时云南多地农贸市场均有挑担零售，亦有加工成果脯。中国农业科学院郑州果树研究所1989年开始选用日本栽培良种'幸水梨'与'火把梨'杂交，育成了品质优良的'满天红''美人酥'和'红酥脆'三个红色梨新品种，在全国推广发展很快，取得了巨大的社会、经济效益，掀起了国内红色梨产业发展新潮，获得了国际林产品金奖、全国农牧渔业丰收奖二等奖和中国农业科学院科技成果一等奖。

富士系苹果引入中国，很快在各苹果主产区形成了面积和产量优势。但在辽宁仅限于年平均气温10℃，1月平均气温-10℃线以南地区栽培。辽宁中北部地区扩展到中国北方几省区尽管日照充足、昼夜温差大、光热资源丰富，但1月平均气温低，富士苹果易出现生理性冻害造成抽条，无法栽培。沈阳农业大学利用抗寒性强、大果、肉质酸酥、耐贮运的地方品种'东光'与'富士'进行杂交，杂交实生苗自然露地越冬，以经受冻害淘汰，顺利选育出了适合寒地栽培的苹果品种'寒富'。'寒富'苹果1999年被国家科技部列入全国农业重点开发推广项目，到目前为止已经在内蒙古南部、吉林珲春、黑龙江宁安、河北张家口、甘肃张掖、新疆玛纳斯和西藏林芝等地广泛栽培。

地方品种虽然重要，但目前许多果树地方品种的处境却并不让人乐观！我们在上马优良新品种和外引品种的同时，没有处理好当地地方品种的种质保存问题，许多地方品种因为不适应商业化的要求生存空间被挤占。如20世纪80年代巨峰系葡萄品种和21世纪初'红地球'葡萄的大面积推广，造成我国葡萄地方品种的数量和栽培面积都在迅速下降，甚至部分地方品种在生产上的消失。20世纪80年代我国新疆地区大约分布有80个地方品种或品系，而到了21世纪只有不到30个地方品种还能在生产上见到，有超过一半的地方品种在生产上消失，同样在山西省清徐县曾广泛分布的古老品种'瓶儿'，现在也只能在个别品种园中见到。

加上目前中国正处于经济快速发展时期，城镇化进程加快，因为城镇发展占地、修路、环境恶化等原因，许多果树地方品种正在飞速流失，亟待保护。以山西省的情况为例：山西有山楂地方品种'泽州红''绛县粉口''大果山楂''安泽红果'等10余个，近年来逐年减少；有板栗地方品种10余个，已经灭绝或濒临灭绝；有柿子地方品种近70个，目前60%已灭绝；有桃地方品种30余个，目前90%已经灭绝；有杏地方品种70余个，目前60%已灭绝，其余濒临灭绝；有核桃地方品种60余个，目前有的已灭绝，有的濒临灭绝，有的品种和名称混乱；有2个石榴地方品种，其中1个濒临灭绝！

又如，甘肃省果树资源流失非常严重。据2008年初步调查，发现5个树种的103个地方果树珍稀品种资源濒临流失，研究人员采集有限枝条，以高接方式进行了抢救性保护；7个树种的70个地方果树品种已经灭绝，其中梨48个、桃6个、李4个、核桃3个、杏3个、苹果4个、苹果砧木2个，占原《甘肃果树志》记录品种数的4.0%。对照《甘肃果树志》（1995年），未发现或已流失的70个品种资源主要分布在以下区域：河西走廊灌溉果树区未发现或已灭绝的种质资源6个（梨品种2个、苹果品种4个）；陇西南冷凉阴湿果树区未发现或灭绝资源10个（梨资源7个、核桃资源3个）；陇南山地果树区未发现或流失资源20个（梨资源14个、桃资源4个、李资源2个）；陇东黄土高原果树区未发现或流失资源25个（梨品种16个、苹果砧木2个、杏品种3个、桃品种2个、李品种2个）；陇中黄土高原丘陵果树区未发现或已流失的资源9个，均为梨资源。

随着果树栽培良种化、商品化发展，虽然对提高果品生产效益发挥了重要作用，但地方品种流失也日趋严重，主要表现在以下几个方面：

1. 城镇化进程的加快，随着传统特色产业地位的丧失，地方品种逐渐减少

近年来，随着城镇化进程的加快，以前的郊区已经变成了城市，以前的果园已经难寻踪迹，使很多地方果树品种随着现代城市的建设而丢失，或正面临丢失。例如，甘肃省兰州市安宁区曾经是我国桃的优势产区，但随着城镇化的建设和发展，桃树栽培面积不到20世纪80年代的1/5，在桃园大面积减少的同时，地方品种也大幅度流失。兰州'软儿梨'也是一个古老的品种，但由于城镇化进程的加快，许多百年以上的大树被砍伐，也面临品种流失的威胁。

2. 果树良种化、商品化发展，加快了地方品种的流失

随着果树栽培良种化、商品化发展，提高了果品生产的经济效益和果农发展果树的积极性，但对地方品种的保护和延续造成了极大的伤害，导致了一些地方品种逐渐流失。一方面是新建果园的统一规划设计，把一部分自然分布的地方品种淘汰了；另一方面，由于新品种具有相对较好的外观品质，以前农户房前屋后栽植的地方品种，逐渐被新品种替代，使很多地方品种面临灭绝流失的威胁。

3. 国家对果树地方品种的保护宣传力度和配套措施不够

依靠广大农民群众是保护地方品种种质资源的基础。由于国家对地方品种种质资源的重要性和保护意义宣传力度不够，农民对地方品种保护的认知不到位，导致很多地方品种在生产和生活中不经意地流失了。同时，地方相关行政和业务部门，对地方品种的保护、监管、标示力度不够，没有体现出地方品种资源的法律地位，导致很多地方品种濒临灭绝和正在灭绝。

发达国家对各类生物遗传资源（包括果树）的收集、研究和利用工作极为重视。发达国家在对本国生物遗传资源大力保护的同时，还不断从发展中国家大肆收集、掠夺生物遗传资源。美国和前苏联都曾进行过系统地国外考察，广泛收集外国的植物种质资源。我国是世界上生物遗传资源最丰富的国家之一，也是发达国家获取生物遗传资源的重要地区，其中最为典型的案例当属我国大豆资源（美国农业部的编号为PI407305）流失海外，被孟山都公司研究利用，并申请专利的事件。果树上我国的猕猴桃资源流失到新西兰后被成功开发利用，至今仍然有大量的国外公司组织或个人到我国的猕猴桃原产地大肆收集猕猴桃地方品种资源和野生资源。甚至连绝大多数外国人现在都还不甚了解的我国特色果树——枣的资源也已经通过非正常途径大量流失到了国外！若不及时进行系统的调查摸底和保护，那种"种中国豆，侵美国权"的荒诞悲剧极有可能在果树上重演！

综上所述，我国果树地方品种是具有许多优异性状的资源宝库，目前正以我们无法想象的速度消失或流失；应该立即投入更多的力量，进行资源调查、收集和保护，把我们自己的家底摸清楚，真正发挥我国果树种质资源大国的优势。那些可能由于建设或因环境条件恶化而在野外生存受到威胁的果树地方品种，不能在需要抢救时才引起注意，而应该及早予以调查、收集、保存。要对我国落叶果树地方品种进行调查、收集和保存，有多种策略和方法，最直接、最有效的办法就是对优势产区进行重点调查和收集。

二、调查收集的方式、方法

按照各树种资源调查、收集、保存工作的现状，重点调查资源工作基础薄弱的树种（石榴、樱桃、核桃、板栗、山楂、柿），对已经具有较好资源工作基础和成果的树种（梨、桃、苹果、葡萄）做补充调查。根据各树种的起源地、自然分布区和历史栽培区确定优势产区进行调查，各树种重点调查区域见本书附录一。各省（自治区、直辖市）主要调查树种见本书附录二。

通过收集网络信息、查阅文献资料等途径，从文字信息上掌握我国主要落叶果树优势产区的地域分布，确定今后科学调查的区域和范围，做好前期的案头准备工作。

实地走访主要落叶果树种植地区，科学调查主要落叶果树的优势产区区域分布、历史演变、栽培面积、地方品种的种类和数量、产业利用状况和生存现状等情况，最终形成一套系统的相关科学调查分析报告。

对我国优势产区落叶果树地方品种资源分布区域进行原生境实地调查和GPS定位等，评价原生境生存现状，调查相关植物学性状、生态适应性、栽培性能和果实品质等主要农艺性状（文字、特征数据和图片），对优良地方品种资源进行初步评价、收集和保存。

对叶、枝、花、果等性状按各种资源调查表格进行记载，并制作浸渍或腊叶标本。根据需要对果实进行果品成分的分析。

加强对主要生态区具有丰产、优质、抗逆等主要性状资源的收集保存。注重地方品种优良变异株系的收集保存。

主要针对恶劣环境条件下的地方品种，注重对工矿区、城乡结合部、旧城区等地濒危和可能灭绝地方品种资源的收集保存。

收集的地方品种先集中到资源圃进行初步观察和评估，鉴别"同名异物"和"同物异名"现象。着重对同一地方品种的不同类型（可能为同一遗传型的环境表型）进行观察，并用有关仪器进行简化基因组扫描分析，若确定为同一遗传型则合并保存。对不同的遗传型则建立其分子身份鉴别标记信息。

已有国家资源圃的树种，收集到的地方品种入相应树种国家种质资源圃保存，同时在郑州、随州地区建立国家主要落叶果树地方品种资源圃，用于集中收集、保存和评价有关落叶果树地方品种资源，以确保收集到的果树地方品种资源得到有效的保护。郑州和随州地处我国中部地区，中原之腹地，南北交汇处，既无北方之严寒，又无南方之酷热。因此，非常适宜我国南北各地主要落叶果树树种种质资源的生长发育，有利于品种资源的收集、保存和评价。

利用中国农业科学院郑州果树研究所优势产区落叶果树树种资源圃保存的主要落叶果树树种

地方品种资源和实地科学调查收集的数据，建立我国主要落叶果树优良地方品种资源的基本信息数据库，包括地理信息、主要特征数据及图片，特别是要加强图像信息的采集量，以区别于传统的单纯文字描述，对性状描述更加形象、客观和准确。

对我国优势产区落叶果树优良地方品种资源进行一次全面系统梳理和总结，摸清家底。根据前期积累的数据和建立的数据库（http://www.ganguo.net.cn），开发我国主要落叶果树优良地方品种资源的GIS信息管理系统。并将相关数据上传国家农作物种质资源平台（http://www.cgris.net），实现果树地方品种资源信息的网络共享。

工作路线见本书附录三。工作流程见本书附录四。要按规范填写调查表。调查表包括：农家品种摸底调查表、农家品种申报表、农家品种资源野外调查简表、各类树种农家品种调查表、农家品种数据采集电子表、农家品种调查表文字信息采集填写规范。农家品种标本、照片采集按规范填写"农家品种资源标本采集要求"表格和"农家品种资源调查照片采集要求"表格。调查材料提交也须遵照规范。编号采用唯一性流水线号，即：子专题（片区）负责人姓全拼+名拼音首字母+采集者姓名拼音首字母+流水号数字。

本次参加调查收集研究有22个单位，分布在我国西南、华南、华东、华中、华北、西北、东北地区，每个单位除参加过全国性资源考察外，他们都熟悉当地的人文地理、自然资源，都对当地的主要落叶果树资源了解比较多，对我们开展主要落叶果树地方品种调查非常有利，而且可以高效、准确地完成项目任务。其中包括2个农业部直属单位、4个教育部直属大学（含2所985高校）、10个省属研究所和大学，100多名科技人员参加调查，科研基础和实力雄厚，参加单位大多从事地方品种相关的调查、利用和研究工作，对本项目的实施相当熟悉。还有的团队为了获得石榴最原始的地方品种材料，尽管当地有关专业部门说，近期雨季不能到有石榴地方品种的地区调查，路险江深，有生命危险，可他们还是冒着生命危险，勇闯交通困难的西藏东南部三江流域少人区调查，获得了可贵的地方品种资源。

通过5年多的辛勤调查、收集、保存和评价利用工作，在承担单位前期工作的基础上，截至2017年，共收集到核桃、石榴、猕猴桃、枣、柿子、梨、桃、苹果、葡萄、樱桃、李、杏、板栗、山楂等14个树种共1700余份地方品种。并积极将这些地方品种资源应用于新品种选育工作，获得了一批在市场上能叫得响的品种，如利用河南当地的地方品种'小火罐柿'选育的极丰产优质小果型柿品种'中农红灯笼柿'，以其丰产、优质、形似红灯笼、口感极佳的特色，迅速获得消费者的认可，并获得河南省科技厅科技进步一等奖和河南省人民政府科技进步二等奖。

"中国果树地方品种图志"丛书被列为"十三五"国家重点出版物规划项目。成书过程中，在中国农业科学院郑州果树研究所、湖南农业大学等22个单位和中国林业出版社的共同努力和大力支持下，先后于2017年5月在河南郑州、2017年10月25日至11月5日在湖南长沙、11月17～19日在河南郑州召开了丛书组稿会、统稿会和定稿会，对书稿内容进行了充分把关和进一步提升。在上述国家科技部基础性工作专项重点项目启动和执行过程中，还得到了该项目专家组束怀瑞院士（组长）、刘凤之研究员（副组长）、戴洪义教授、于泽源教授、冯建灿教授、滕元文教授、卢春生研究员、刘崇怀研究员、毛永民教授的指导和帮助，在此一并表示感谢！

曹尚银

2017年11月17日于河南郑州

前言

Preface

《中国板栗地方品种图志》由中国农业科学院郑州果树研究所牵头，中国农业大学、山西省农业科学院生物技术研究中心、山东省果树研究所和南京农业大学共同主持，由安徽省农业科学院、开封市农林科学研究院、西藏农牧学院、华中农业大学、湖南农业大学、沈阳农业大学、北京市农林科学院农业综合发展研究所、吉林省农业科学院果树研究所、四川省农业科学院园艺研究所、贵州省农业科学院果树科学研究所、江西农业大学等多家单位共同参加，组织全国100多位专家合作撰写而成。

自2012年5月启动国家科技基础性工作专项重点项目"我国优势产区落叶果树农家品种资源调查与收集"以来，以中国农业科学院郑州果树研究所为主持单位，联合国内数十家科研单位和高校在全国范围内开展了板栗地方品种资源的广泛调查和重点收集工作，特别是在板栗的传统栽培区域，如河北省保定市、秦皇岛市和迁西县，北京市昌平区、怀柔区和密云区，山东省泰安市、济南市、莱阳市和招远市，河南信阳市，安徽省舒城县和宁国市，湖南省新宁县和汝城县，湖北省随州市，广西壮族自治区南宁市、桂林市和百色市等地开展了长期的、多次的地方品种收集和植物学性状调查和数据采集，经过努力工作，获得了一批特异的、濒临消失的板栗种质材料，特别是许多地方古板栗的种质资源。由于地方品种没有经过任何形式的鉴定评价，每种品种的数量稀少，很容易随着时间的流逝而灭绝，但地方品种具有丰富的遗传多样性，常存在特殊优异的性状基因，是品种改良的重要基础和优良基因来源。此次调查工作对中国板栗地方品种的资源收集、保存和利用工作具有十分重要的意义。

自2016年1月，启动了《中国板栗地方品种图志》的撰写工作，组织有关人员，起草撰写大纲，整理、收集品种资源调查资料等前期准备工作，并开始着手撰写部分章节内容。2016年7月继续整理收集各片区调查数据和照片，撰写《中国板栗地方品种图志》的初稿。2017年6月，中国农业科学院郑州果树研究所联合中国林业出版社，会同中国农业大学、山西省农业科学院生物技术研究中心、山东省果树研究所和南京农业大学等单位在河南省郑州市召开了"中国果树地方品种图志"丛书的第一次撰写工作会，来自全国各地的20余位专家、学者参加会议，研究、讨论、确定了《中国板栗地方品种图志》撰写大纲，明确了撰写格式、撰写任务、撰写时间和具体分工。最后，由曹尚银同志根据书稿情况，邀请有关专家审定并最终定稿。

《中国板栗地方品种图志》是对中国板栗地方品种资源进行的比较全面、系统调查研究的阶段性总结，为研究板栗地方品种区域分布、资源分布现状及特异资源的开发利用提供了较完整的资料，将对促进我国板栗产业发展和科学研究产生重要的作用。本书的写作内容重点放在板栗地方品种种质资源上，也就是品种资源的调查地点、生境信息、植物学信息和品种评价的描述。总体工作思路如下：①在果树生长季节，每年按不同物候期进行野外调查，分别采集板栗的叶、花、果等数据和照片，以及在当地实际的物候期数据；②将全国分为东部、西部、南部、北部、中部5个片区，每个片区配备一个调查组；③各调查组查阅有关资料、走访当地有关部门，确定调查的县、乡、村、农户，进行调查；④组建调查组对各片区提出的疑难地区进行针对性调查。本书主体分总论和各论两部分：总论主要阐述板栗地方品种收集的重要性、调查方法、区域分布特点、产业发展现状、调查成果及存在的问题；各论对收集的地方品种的具体信息进行描述，包括调查人、提供人、调查地点、经纬度信息、样本类型、生境信息、植物学信息和品种评价，并配置相应品种的生境、单株、花、果、叶等的高清晰度照片，本书总论部分所配照片在其中都一一标出了拍摄人或提供人姓名，各论里照片都由各片区调查人或负责人拍照提供，由于人数较多，不一一列出。开展工作时采用了分片区调查的方式，各片区所辖的范围如下：东部片区辖山东、上海、浙江、安徽、福建、江西等省（直辖市），西部片区辖山西、陕西、甘肃、青海、宁夏、新疆等省（自治区），南部片区辖江苏、广东、广西、重庆、贵州、云南、四川、重庆等省（自治区、直辖市），北部片区辖河北、北京、辽宁、吉林、黑龙江、内蒙古等省（自治区、直辖市），中部片区辖河南、湖北、湖南、西藏等省（自治区）。本书共收录了120份板栗地方品种，可为板栗生产利用提供参考，对板栗地方品种保护、产业发展和科学研究具有重要的指导意义。

中国工程院院士、山东农业大学束怀瑞教授对本书撰写工作给予热情关怀和悉心指导；中国农业科学院郑州果树研究所、中国林业出版社等单位给予多方促进和大力支持；国家科技基础性工作专项重点项目"我国优势产区落叶果树农家品种资源调查与收集"、国家出版基金给予了支持。在此一并表示深深的感谢。

由于著者水平和掌握资料有限，本书有遗漏和不足之处敬请读者及专家给予指正，以便日后补充修订。

著者

2017年7月

目 录

Contents

总论

中国板栗地方品种图志

第一节
板栗地方品种调查与收集的重要性

板栗属壳斗科（Fagaceae）栗属（*Castanea* Mill.）植物，又名栗、栗子、毛栗等，经济栽培的食用栗种，主要包括中国板栗（*Castanea mollissima* Blume）（图1）、锥栗[*Castanea henryi*（Skan）Rehd. et Wils.]（图2）、茅栗（*Castanea seguinii* Dode）（图3）、日本栗（*Castanea crenata* Sieb. et Zucc.）、欧洲栗（*Castanea sativa* Mill.）和美洲栗（*Castanea dentata* Borkh）。板栗经过长期的演化和栽培驯化，已经形成了枝条性状、栗实性状、花序性状等各异的品种类型，据不完全统计，本属约12～17种，分布在亚洲、欧洲南部及其以东地区、非洲北部和北美东部。板栗在中国24个省（自治区、直辖市）都有分布，主产区位于黄河流域的华北、西北和长江流域各省份（张宇和等，1987；柳鎏等，1988；张宇和等，2005）。

种质资源（Germplasm resources）是育种的原始材料及生命科学研究的基础材料，是宝贵的自然财富，包括栽培品种、半栽培品种、野生类型及人工创造的新类型。其作为基础理论研究、培育新品种等重要的资源，不仅可以保留濒临灭绝的物种，保存对人类和自然具有重要、甚至是未知作用的基因，而且可以为其他学科的研究和科技创新提供研究材料和重要的科学数据。然而在现代育种取得显著成就的同时，生产上使用的品种存在遗传基础日益贫乏的趋势。其原因有以下几点：首先，在育种中人们总是按照一定目标，沿着一定方向进行选择，选择的时间越长，强度越大，品种的遗传基础也就越窄。其次，杂交育种中使用的亲本，越来越集中到对当地条件的适应性、最佳的综合性状等；果树育种中常用的育种方式，如芽变育种选育的富士系苹果品种大多在颜色方面有差异，而板栗和核

图1 中国板栗（尹燕雷 供图）

图2 锥栗（李贤良 供图）

图3 茅栗（曹秋芬 供图）

桃等多在原有资源的基础上进行实生选种，这些导致众多品种之间的亲缘相近。再次，新品种的不断育成和推广，使原有老品种特别是地方品种逐渐被淘汰，常未作为种质保存下来，致使许多有益的基因随之丢失。最后，随着产业结构调整、栽培制度的改革和社会发展，致使物种失去了适宜的生存环境而濒临绝灭。由于以上原因而产生的物种遗传基础的狭窄性以及育种工作的进展，使种质资源收集和保存的重要性愈益突出。

地方品种是在特定地区经过长期栽培和自然选择而形成的品种，对所在地区的气候和生产条件一般具有较强的适应性，并包含有丰富的基因型，具有丰富的遗传多样性（沈德绪，2004）。由于社会历史的原因，我国果树生产大都以农户生产方式存在，果园面积小，经济效益低。这种农户型的生产方式有种种弊端，但同时也为自然突变所产生的优良品种提供了可以生存的空间。农户对于自家所生产的品种比较熟悉，通过自然实生、芽变或自然变异所产生的优良性状的果树品种能够被保留下来，在不经意间被选育出来，成为地方品种。但由于这种方式所产生的品种没有经过任何形式的鉴定评价，每种品种的数量稀少，很容易随着时间的流逝而灭绝。由于地方品种常存在特殊优异的性状基因，是果树品种改良的重要基础和优良基因来源，因此对果树地方品种种质资源的调查收集非常重要。

果树产业作为世界农产品生产的重要组成部分，果树种质资源又是重要的基因库，一直都受到各国政府的重视和支持，由于农业发展的先进性，发达国家较早认识到种质资源收集的重要性，积极地进行收集、鉴定和保存工作，还特别成立了专门的机构，例如，美国国家植物遗传资源中心（PGRB）、美国国家果树无性系种质库（NVGR）、日本国立遗传资源中心、国际植物遗传资源研究所（IPGRI）等。据不完全统计，截止到2012年5月，美国的8个国家果树种质资源库保存果树达46种，保存种质材料总数约40000余份，保存苹果、梨、葡萄、柑橘、核桃、李等主要果树资源数达约19000份（任国慧等，2013）。近年来，欠发达国家也开始重视地方品种的调查和收集工作，果树树种涉及石榴、无花果、杏、扁桃、榛子、核桃等。

中国果树资源丰富，是许多果树的起源中心，如板栗、枣、苹果、杏、猕猴桃等，由于社会历史

的原因，我国果树生产多注重优良性状的保存，忽视了对种质资源的保存，新中国成立后，党和政府十分重视果树事业的发展。国务院在1956年拟定的全国科技远景规划中提出：“要调查、收集、保存、利用我国丰富的果树品种资源”。农业部也发出了“关于全面收集整理各地农作物农家品种工作的通知”。1958年全国各省（自治区、直辖市）相继进行了果树资源普查。中国农业科学院果树研究所（一部分后来南下黄河故道地区的郑州市，即后来成立的中国农业科学院郑州果树研究所）为了推动此项工作的开展，先后召开了西北、华东、新疆、云贵及两广等13省（自治区、直辖市）果树资源调查座谈会。到1960年，全国已有18个省（自治区、直辖市）基本完成了野外调查任务。初步查明，河北省有103个种，1000多个品种；山东省有90余个种，3000多个品种；陕西省有185个种，1000个以上品种（或类型）；新疆维吾尔自治区有78个种，17个变种，约900多个品种；辽宁省有73个种，20个变种，970余个品种。由于首次普查工作的成果因为历史的原因大多遗失，1979年果树资源考察工作重又提上日程。资源考察工作取得了丰硕的成果，大体摸清了我国果树资源的分布、主要品种，出版了主要果树树种的果树志，建立了主要树种的国家级种质资源圃，以及收集了各树种的栽培、地方品种、引进品种、野生种和近缘植物（张宇和等，2005）。截至目前，我国已累计收集了1674份桃资源，1768份梨资源，1164份苹果资源，2020份葡萄资源，185份核桃资源，156份板栗资源（泰安），565份柿资源（陕西），620份枣资源（太谷），560份李资源，758份杏资源，444份草莓资源，298份山楂资源，16份石榴资源（轮台），173份猕猴桃资源，10份樱桃资源（公主岭），随着对种质资源的重视，各资源圃又有新增种质入圃，为我国果树种质资源的评价和利用工作打下了坚实的基础。通过对板栗资源的调查也形成了《中国果树志·板栗 榛子卷》专著，对我国板栗资源的研究和产业发展具有深远的意义，这些成果是对调查者资源收集和保存工作的肯定，同时也是对后辈的勉励和鼓舞。

中国是板栗的原产地，中国板栗资源对世界板栗产业发展具有重要作用，1975年Jaynes提出了栗属植物的中国起源假说，并假设世界栗属植物以中国为中心的2条进化路线：第一条是向西延伸经

小亚细亚再向欧洲地中海演变为欧洲栗；第二条是向东迁移至北美大陆演变为美洲栗（Jaynes，1975），自此围绕着世界栗属植物起源和进化开展了论证研究：①欧洲栗品种250个以上，产量在第二次世界大战前曾居世界首位，有学者认为栗属植物的遗传多样性由中国经小亚细亚向欧洲地中海依次递减（Huang et al.，1994；Tanaka et al.，2005），证实了土耳其为欧洲栗的次起源中心（Villani et al.，1994；Zoharry et al.，1998）。自20世纪以来，

图4 种质资源圃内板栗（泰安）（尹燕雷 供图）

由于受墨水病和栗疫病的严重侵袭，使得欧洲栗生产出现了危机，欧洲各主要产栗国正用我国栗与本地种杂交，希望能育出既抗墨水病和栗疫病，又具有优良品质、适合欧洲气候条件的杂交板栗品种（Alvisi，1993；Tokar，2005；Bounous，1995；Bounous，2009）。②美洲栗曾是美国最有价值的森林树种之一，在东部山区分布稠密，世界栗属植物进化中，美洲栗、日本栗、欧洲栗是一进化分支，美洲栗遗传多样性低是气候恶劣造就的（Stanford et al.，1998）。美洲栗自1904年栗疫病从纽约州发生开始，10年左右就传遍邻近各州。100多年来，对栗疫病的防治成效甚微，现在美洲栗属于濒危树种，为了拯救濒临灭绝的美洲栗，美国不断从中国引入板栗品种与其他品种进行杂交培育（Michael et al.，2005；Wallace et al.，1993；Bruce et al.，2004）。③日本栗可能引自朝鲜半岛，朝鲜半岛和日本的品种可能具有共同的祖先（Hebard et al.，1994；Gao et al.，1995）；日本本土和朝鲜半岛的日本栗品种不同，日本本土的是从野生板栗中筛选出来的，朝鲜半岛的可能是中国板栗与日本栗的杂交种（Yamamoto et al.，1998；Yamamoto et al.，2003）。目前，全世界不同国家学者在栗属6个种的种质鉴定、分类、起源及利用研究等方面取得了丰硕的成果，这些成果的取得与种质资源息息相关。

通过世界板栗研究取得的成果以及发展中存在的问题，中国也充分认识到了栗属植物种质资源资源调查、收集和研究工作的重要性。从20世纪60年代开始，南京中山植物园率先在全国范围内开展了板栗种质资源的分布与生长状况普查，同时建立了种质资源圃（张宇和等，2005）。此后中国林业科学研究院、江苏省中国科学院植物研究所、山东省果树研究所、河北省农林科学院昌黎果树研究所等科研单位先后开展了板栗种质资源调查、保存和良种培育工作。目前中国板栗品种（系）和地方品种总数约为500个，其中90%以上为中国板栗，1985年农业部在山东泰安建立了国家板栗种质资源圃（图4），现保存栗属植物种质资源6个种336份（刘庆忠等，2014）；为了更好地促进板栗产业发展，位于板栗主产区的科研院所也相继开展了板栗资源的保存和利用工作，最具代表性的为河北省农林科学院昌黎果树所，现保存中国板栗种质资源284份（杨阳等，2017）。

种质资源的丰富程度和有关研究工作的深入程度将决定育种的优势。随着时代的发展和科研、育种工作的深入，对种质资源调查的要求也发生了很大的变化。育种工作者逐渐认识到现有品种的遗传育种体系相对封闭，遗传背景极为狭窄，育种性状提高的空间越来越小，地方品种因为积累了丰富的优良变异，且本身综合性状较好，逐渐成为新形势下育种工作者迫切需要的资源；此外，收集的资源中难免会存在重复收集或同物异名、同名异物等现象，与板栗丰富的种质资源不相称，应继续加强其资源的调查、收集和保存工作。因此，为了保护和收集这些具有优良性状的地方品种果树资源，进行系统地调查迫在眉睫。

第二节
板栗地方品种调查与收集的思路和方法

近年来，随着农村产业结构的调整和优良果树新品种的选育，为了增加收益，很多地方品种资源被嫁接新品种或直接砍掉，造成了品种资源的流失，其中不乏优异性状的地方品种资源。针对此现状，为了更好地保存现有板栗地方品种资源，以中国农业科学院郑州果树研究所曹尚银研究员为首席的科研团队，联合全国10余家高校和科研院所的科研人员，在国家科技部科技基础性工作专项课题"我国优势产区落叶果树农家品种资源调查与收集"项目资金的支持下重新启动板栗地方品种的调查和收集工作。课题组成员根据种质资源野外调查的方法和手段，结合我国板栗地方品种资源的分布区域性，制定的片区调查任务分别为中国农业科学院郑州果树研究所、华中农业大学、湖南农业大学和西藏农牧学院高原生态研究所等单位联合调查河南、湖北、湖南、西藏等中部片区的板栗资源；中国农业大学、中国农业科学院果树研究所、北京市农林科学院农业综合发展研究所等单位联合调查北京、天津、河北、内蒙古、辽宁、吉林、黑龙江等北部片区的板栗资源；南京农业大学、广东省农业科学院果树研究所、广西大学、云南农业大学和四川省农业科学院园艺研究所等单位联合调查江苏、广东、广西、重庆、贵州、云南、四川等南部片区的板栗资源；山东省果树研究所、安徽省农业科学院园艺研究所和江西农业大学等单位联合调查山东、上海、浙江、安徽、福建、江西等东部片区的板栗资源；山西省农业科学院生物技术研究中心、西北农林科技大学、甘肃农业大学和石河子大学等单位联合调查山西、陕西、甘肃、青海、宁夏、新疆等西部地区的板栗资源。各片区根据板栗地方品种分布确定科学调查的区域和范围，做好案头准备工作，制定一套符合板栗地方品种调查和收集的技术路线，以期在最短时间内最大程度地收集更多有价值的信息。本次调查利用GPS导航设备、笔记本电脑和高性能的数码相机，把品种图像较为准确和形象地记录，从而弥补了由于以前资源考察工作的劣势和不准确性。更注重品种资源分布区域原生境实地调查和GPS定位等，对原生境生存现状、植物学性状、生态适应性、栽培性状等主要农艺性状用文字、特征数据和图片的形式呈现出来。

一 调查我国板栗优势产区地方品种的地域分布、产业和生存现状

通过收集网络信息、查阅文献资料等途径，从文字信息上掌握我国板栗优势产区的地域分布，确定科学调查的区域和范围，实地走访板栗主要种植地区，科学调查板栗的优势产区区域分布、历史演变、栽培面积、地方品种的种类和数量、产业利用状况和生存现状等情况，最终形成一套系统的相关调查报告，做好案头准备工作。

由于以前公路、铁路和交通工具均比较落后，许多交通不便的偏僻地方考察组无法到达，无法详细考察。现在便利的交通给考察工作创造了很好的条件，考察工作可以更加深入，本次调查中发现了很多古老的板栗资源（图5~图10），发现的古板栗树或枝繁叶茂、或硕果累累、或品质优良，有的呈现野生状态的古板栗群落，古老的板栗资源为了解板栗的起源、演化、栽培与利用提供依据。

在板栗地方品种的调查过程中，由于社会经济

图5 北京市怀柔区渤海镇100年树龄古板栗树（李天忠 供图）

图6 北京市怀柔区渤海镇80年树龄古板栗树（李好先 供图）

图7 北京市密云区各庄镇塘子村100年古板栗树（李天忠 供图）

图8 北京市怀柔区渤海镇100年古板栗树（李天忠 供图）

图9 安徽省宣城市溪口镇红星村120年古板栗树（孙其宝 供图）

状况和产业结构发生了巨大变化，板栗地方家品种的生存状况情况堪危。许多传统的板栗产区多实生繁殖和疏于管理，栗园经济产量很低；同时受到优良品种的冲击，板栗产业向着良种化、商品化方向发展，许多栗园高接换优，多方面原因导致许多板栗地方品种消失。对我国优势产区板栗地方品种资源进行调查和收集，可以在有限的时间和资源配置下，快速有效地了解和收集到更多的板栗资源。

二 我国板栗优势产区地方品种资源的调查方法

1. 板栗地方品种资源调查表的设计

(1) 表头标题 标题为"国家科技基础性工作专项重点项目—我国优势产区落叶果树[坚果类]地方品种资源调查与收集表"，调查时要求填入调查表序号和调查日期。如序号NO.：72，调查日期：2013年5月12日。

(2) 基本信息 基本信息包括提供人姓名、电话和住址；调查人姓名、电话和单位；调查地点按照省、市、县（乡）、村（小地名）的格式设计；地理数据包括海拔和经纬度；样本类型从种子（果实）、根、茎、根蘖、叶、花和枝条选项选择；填入样本数量时要表明种子（果实）、枝条或苗木的数量。设计此部分的目的是为了资源的可追溯性。

(3) 生境信息 生境信息包括来源地、生境、伴生物种、影响因子、地形、土地利用、土壤质地、种植情况等，调查时按照表中相关内容进行逐一调查。

(4) 植物学信息 植物学信息包括植物习性、植株情况（包括树势、树姿、树形、树高等信息）、植物学特性（包括枝条、叶、芽、花、果实的基本性状描述）、坚果特性（包括坚果的形状、大小、壳的描述、坚果的品质等）、生物学特性（包括发枝力、萌芽力、树势、枝条生长情况、坐果情况、产量和物候期等）、品种评价（包括主要优点、用途、利用

图10 安徽省安庆市太湖县80年树龄板栗树（孙其宝 供图）

图11 板栗地方品种资源原生境调查（孙其宝 供图）

图12 利用GPS进行定位记录（孙其宝 供图）

部位、适应性、抗逆性和栽培要求等，设计此部分的目的是为了调查时对发现的地方品种优异变异单株和特殊种质如实评价）。

2. 板栗地方品种资源调查表信息的采集和录入

根据我国板栗优势产区地方品种资源分布区域，进行原生境实地调查和GPS定位等（图11、图12），完成对地方品种种质资源的地理分布，特异生产特性和品种资源的描述，重点增加提交人及其联系方式、地理信息等，并录入调查表。通过GPS定位导航设备可以对每个地方品种的生境和其代表株进行精确定位和信息采集，以达到品种的可追踪性；对于每份资源从基本信息（包括提供人、调查人、位置信息、地理数据、样本类型等）、生境信息、植物学信息、果实性状、生物学信息和品种评价等方面入手，切实展示该品种资源的特征特性，以便于育种工作者辨识并加以有效利用。

加强对主要生态区具有丰产、优质、抗逆等重要性状的地方品种资源的调查，注重优良变异株系的调查，特别针对恶劣环境条件下（图13）、工矿区、城乡结合部、旧城区等濒危和可能灭绝的地方品种资源的调查。根据实地科学调查收集的数据，为建立我国板栗地方品种资源的基本信息数据库（包括地理信息、主要特征数据及图片，特别是要加强图像信息的采集量，以区别于传统的单纯文字描述，有利于性状描述更加形象、客观和准确），以及开发板栗地方品种资源的GIS信息管理系统，具有非常重要的意义。

3. 板栗地方品种资源调查照片采集与整理

（1）照片的采集　拍摄对象为整树及叶、花、果实等器官以及突出种质特性部位。整树拍摄可以采用自然（图14），局部拍摄采用自然（图15）、黑布、蓝布和背景板（图16）等作背景。记录准确是要求标记好种质名称、地点、拍摄者（姓名和单位）、拍摄时间等信息，以便准确录入。采用数码相机，要求拍摄物主体突出，图像清晰，相机像素不低于800万。局部拍摄时可加标尺，数码照片采用jpg格式，照片像数不能小于1024×768或768×1024，文件大小不得低于3M。

图13 皖南山区深山的板栗园疏于管理资源流失（孙其宝 供图）

图14 板栗植株自然照（孙其宝 供图）

图15 果实局部自然照（尹燕雷 供图）

图16 板栗果实背景板照（尹燕雷 供图）

图17 板栗单株照（孙其宝 供图）

图19 板栗1年生嫩枝（孙其宝 供图）

图18 板栗丰产林（孙其宝 供图）

(2) **图片的提交** 提交的照片包括，整树照片：单株（图17）、生境照片（图18）或果园照；枝叶照片：结果枝、营养枝、1年生枝（图19）和多年生枝等；花的照片：初开花、盛开花、雄花（图20）、雌花（图21）、花器官特写等；果实的照片：单果照（图22）、种子照（图23）、结果枝（图24）或结果整树照等。

(3) **照片整理** 数码照片必须在照片名中注明种质名称、地点、拍摄时间，同时将照片编号，与对应的调查表的编号相一致（图25）。

4.板栗地方品种样本的采集和标本制作

采集前应先收集有关采集地的自然环境及社会状况方面的资料，以便周密安排采集工作。同时应准备采集必需的用品，主要有标本夹（4530方格板2块，配以绳带）、标本纸（吸水性强的草纸，折成略小于标本夹的3～5张一叠若干）、采集袋（塑料袋）、枝剪、标签、野外记录纸、GPS、望远镜、地图等。

采集标本时要注意标本树和所采器官的典型

图20 板栗雄花（尹燕雷 供图）

图21 板栗雌花（孙其宝 供图）

图22 板栗单果（孙其宝 供图）

图23 板栗种子（尹燕雷 供图）

图24 板栗结果枝（孙其宝 供图）

性。枝叶标本应采春夏秋梢的中部叶片，花序标本应在盛花期采集，采集的标本最好能带有枝叶花幼果各部分（图26、图27）。花果必须器官整齐，便于鉴别分类。采好后挂上标签，填上编号等（用铅笔填写），采集签应包括采集号、采集时间、采集者、采集地点等数据。标本的制作严格按照制作方法进行。

三 建立板栗地方品种资源圃，加强对板栗地方品种的评价工作

随着时代的发展、科研和育种工作的深入，种质资源调查的要求也发生了很大的变化。育种工作者逐渐认识到现有栽培品种的遗传育种体系相对封闭，遗传多样性受制于其祖先亲本，遗传背景极为狭窄，育种性状提高的空间越来越小，亟须引入新的优异基因资源。地方品种因为积累了丰富的优良变异，且本身综合性状较好，而在物种的进化中保留了下来，同时逐渐成为新形势下育种工作者迫切需要了解的资源。同时，资源调查工作中也发现了许多具有优良性状的单株，因此，为了集中收集、保存和评价特异地方品种资源，以确保收集到的果树地方品种资源得到有效的保护，首先在郑州地区建立国家主要落叶果树地方品种资源圃，加强对板栗不同生态区具有优异经济性状或抗性的种质资源进行收集保存，特别针对恶劣环境条件下的板栗地方品种和古板栗的种质保存。其次，为下一步的观察和评估，特别是同一地方品种的不同类型（可能为同一遗传型的环境表型）进行观察，特别是进行简化基因组扫描分析和建立板栗地方品种分子身份鉴别标记信息奠定基础。

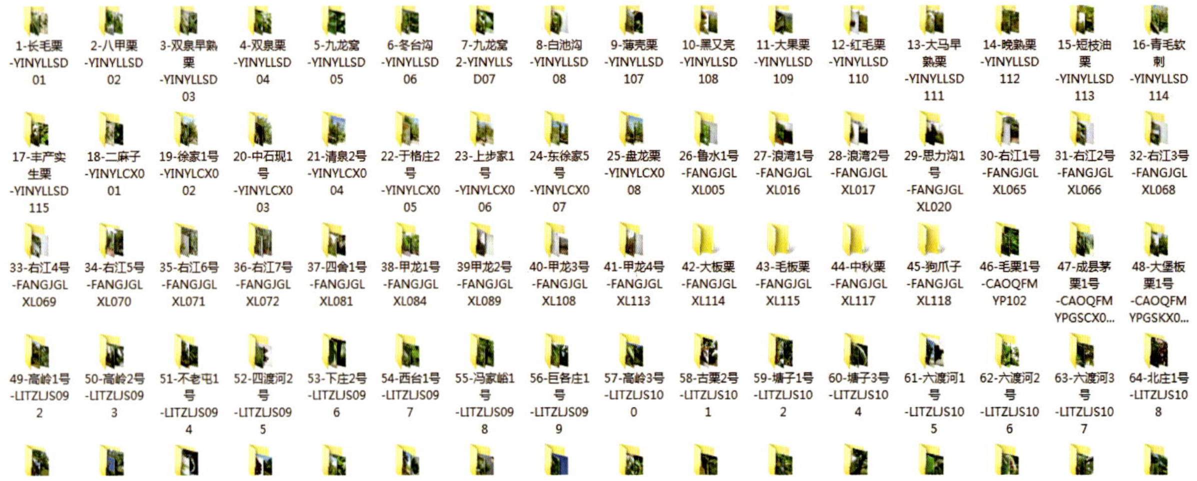

图25 照片的整理（周军永 供图）

图26 采集的板栗果实种子（李贤良 供图）

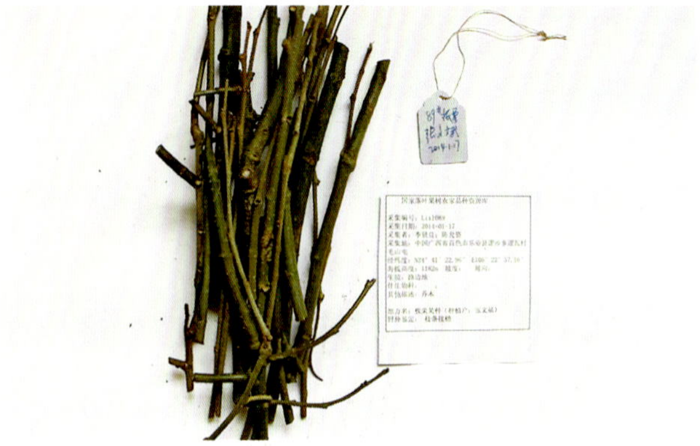

图27 采集的板栗枝条（李贤良 供图）

第三节
我国板栗地方品种的起源、演化与区域分布

一 我国栗属植物起源、演化

板栗（*Castanea mollissima* Blume），又名中国板栗，壳斗科栗属植物，原产于中国，是中国最古老的栽培果树之一。在古代，人们将板栗与茅栗、锥栗统称为栗，《本草纲目》加以区分之后，才有较为准确的名称。中国几千年以来丰富的考古资料和历史文献资料，证明了中国是板栗的原产地（表1），更为研究中国板栗的起源和悠久的栽培历史提供了参考依据（郝福为等，2013）。除了考古发现，几千年来，多有古籍文献提到板栗。这些记载现已成为考证中国板栗是起源和悠久栽培历史的佐证。通过历史文献资料可以确定早在周朝有板栗栽培记录，《诗·鄘风·定之方中》提到了"树之榛栗"，是目前已知的板栗记载的最早的文献。

中国板栗既是欧洲栗和美洲栗等资源抗病育种的最重要材料，又是世界各国进行食用栗品质改良的重要基因来源，对栗属植物种质研究利用意义重大，随着现代研究手段的发展，国内外学者在中国栗属植物起源、演化等方面做了大量研究工作。自

从1975年Jaynes提出栗属植物的中国起源假说以来，许多学者在这方面进行了大量的研究并取得了明显的研究进展，结果显示中国板栗的遗传多样性和基因流大于栗属其他植物（郎萍等，1999；Dane *et al*.，2003；兰彦平等，2010），中国板栗的遗传多样性显著高于欧洲栗、美洲栗和日本栗，取得的这些研究成果为栗属植物中国起源假说提供了有力的佐证，同时学者们从分子遗传角度证明了中国板栗为原生种，世界绝大多数学者认同栗属植物起源于中国（Jaynes，1975；Casasoli *et al*.，2001）。

目前中国板栗起源于何地并没有明确的结论，有学者通过检验了不同板栗居群遗传变异，初步推测出西南地区为板栗遗传多样性中心（张辉等，1998）；也有学者持不同观点，在分子水平上通过对6个省（直辖市）板栗地方品种品种进行了遗传多样性研究，认为长江流域的群体具有较高的遗传多样性，遗传多样化程度高于华北和西北实生板栗居群，说明华北和西北不是板栗的起源中心，至少不是栗属植物原生中心，同时为长江流域是中国板栗品种分布遗传多样性的中心提供依据（秦岭

表1 考古遗址中发现与板栗相关文物的统计（郝福为等，2013）

年代	遗址	发现	地点
距今1800万年前	山东临朐山旺考古遗址	大叶板栗化石	山东省临朐县
距今11万年前	洪沟遗址	栗炭	河南省郑州市、洛阳市一带
距今9000年前	裴李岗遗址	栗果	河南省新郑市
距今7000年前	河姆渡遗址	栗果	浙江省余姚市
距今7000~6000年	北埝头新石器时代文化遗址	栗炭	北京市平谷区
距今6000年前	西安半坡遗址	板栗化石	陕西省西安市
距今6000~4000年	雪山文化遗址	栗炭	北京市昌平区
距今4592~4251年	东灰山遗址	栗炭	甘肃省民乐县
距今3600年	湖熟文化遗址	栗炭	江苏省南京、镇江以及太湖流域
距今2400余年	江陵望山楚墓遗址	完整的板栗	湖北省荆州市
距今2000余年	马王堆汉墓遗址	栗炭	湖南省长沙市

等，2002；周连第等，2006）；中国板栗在种和居群水平上的遗传多样性都比茅栗、锥栗高，推断茅栗和锥栗起源于板栗，华中地区（长江流域的神农架及周边地区）为中国板栗的现代中心（郎萍等，1999；李作洲等，2002；田华等，2009）。与日本栗、欧洲栗、美洲栗相比，野生板栗的遗传变异水平是最高的，甚至高于锥栗和茅栗，陕西汉中野生板栗群体遗传多样性最高，从而提出了现有板栗各地方品种可能全部起源于秦岭南麓野生居群中的特殊群体，还推测了野生板栗向地方品种的演化路线（黄武刚等，2009；黄武刚等，2010）。我国现有的研究力量仍较薄弱，板栗地方品种种质资源调查对丰富遗传多样性，同时为进一步发现野生板栗资源，结合板栗的居群和地域分布，进一步研究中国分布的栗属植物的起源和分类问题奠定基础。

目前普遍采用植物学性状中明显差异的特征作为种的划分基础，依此把分布在中国栗属植物原生种划分为中国板栗、茅栗和锥栗（张宇和等，2005）。除上述3个种之外，秦岭以南汉水至长江中下游沿岸丘陵山地、巫山和大巴山地区，还自然分布着野板栗种，其叶型区别于栽培板栗，可连续

2～3次开花结果，且与板栗有很好的嫁接和杂交亲和性。野板栗很可能是现今栽培板栗的原始种，具有与栽培种最近的亲缘关系（王凤才等，2009）。由于板栗是自由授粉植物，中国几个原生栗种杂交均有不同程度的亲和性，经过长期的种间自由杂交，自然界中形成了一定数量的种间杂种（柳鎏等，1992；杨剑等，2004；刘莹等，2009）。目前保存的种质主要包括种、变种及近缘野生种5个种2个变种，包括优势产区的地方品种（优系），又有无花栗（图28）、无刺栗、红栗（图29）、短枝栗（图30）、薄壳栗（图31）、垂枝栗、双季栗、三季栗等珍稀资源。

由于中国栗属植物品种的分类落后于同类其他果树，中国各地板栗地方品种的形成和分布与生态地理条件有很大的关系，加之受栽培历史、自然条件和社会经济因素的影响，基因交流表现不强烈，带有明显的区域性。

二 中国板栗的生态适应性与资源分布

我国板栗主要产区遗传多样性较高，在遗传多样性的分布格局上，栽培品种群和野生居群既有相

图28 无花栗（尹燕雷 供图）

图29 红栗（尹燕雷 供图）

图30 短枝栗（尹燕雷 供图）

图31 薄壳栗（尹燕雷 供图）

同又有不同的地方，板栗种群遗传多样性高的地区共同的特点就是板栗生产量大，品种资源丰富，除了与丰富的栽培品种资源有关外，还可能来自该地区野生板栗丰富的遗传多样性。以传统产区山东地区为例，板栗品种群遗传多样性较高是因为山东板栗栽培历史悠久，过去长期采用实生繁殖，群体庞大，单株性状纷杂多样；品种类型变异较大，该品种群中需求量为实生单株人工选优的产物，归根结底是性状各异的天然杂种，还有极少数人工杂种造成了其遗传多样性。遗传多样性高可能还与生态地域有关，各地自然条件、繁殖方式和品种资源各有特点造就了多样的地方种群。在长期的生态适应过程中，中国板栗在各地迥异的地理气候条件下形成了不同的地方品种生态群，分为长江流域、华北、西北、东南、西南生态群。板栗在我国的分布十分广泛，主要分布在大别山山脉和燕山山脉的广大地区。其水平分布北至北纬43°55′，即吉林永吉马鞍山，南至北纬18°30′，即海南岛，东至台湾岛，东经97°～122°。垂直分布最低海拔不到50m，如山东郯城及江苏新沂、沭阳等地的海平面附近，分布最高海拔2800m，如云南维西。目前有20多个省（自治区、直辖市）栽培，其中主产区是山东、河南、湖北、河北、安徽、浙江、辽宁、广西、北京等。在区域分布上已经形成华北、长江流域、西南、西北、东南等独有的品种群及其生产区域。中国板栗的最佳产区是东经112°～120°、北纬40°左右，即：东起山海关、西至怀安，长约500km的燕山山脉（张宇和等，2005）。

1. 板栗的生态适应性

（1）温、湿度 板栗属暖温带果树，喜欢暖湿，南北直线跨度为2000km。从广西百色、大新、玉林等亚热带地区就有传统的经济栽培，约为北纬23°，这些地区冬季落叶不尽，树干上终年有青苔。往北依次为湖南邵阳、怀化产地，湖北、安徽长江中下游产地，大别山、伏牛山、秦岭产地，山东产地，河北、辽宁产地。长城外河北的兴隆、宽城，辽宁的丹东，直至板栗分布的北缘（吉林的集安、桦甸、延边），约为北纬43°。经济产区的北缘如河北兴隆、宽城，冬季低温可降到-26℃，年降水量为400～700mm。广西全区年均气温在17～23℃，1月份6～16℃，桂南为全年无霜区，年降水量在1200～1800mm。其他产地居中。从南北产地的分布

可以看出，板栗对湿暖和旱寒的适应范围相当广，性喜暖湿，但对旱、寒又有相当的忍耐力，这是柑橘、苹果、桃等多种果树所不及的。

板栗为喜湿润树种，但对干旱环境有较强的适应力。我国板栗分布区降水量为400～1800mm。广西柳州、百色、玉林并不因湿涝而影响板栗树正常生长。山东板栗产区的降水量为670～800mm，还经常遇到春秋两头旱的威胁，但多数年份板栗能正常生长结果。另外，水分条件与温、光不同，随着节水灌溉的推广和土壤保水措施的完善，干旱的问题比较容易解决。

板栗周年需水的程度是不均匀的，4月如遇干旱不利于雌花的发育，7月中旬的伏旱会使板栗幼果发育受到严重障碍，造成大量空苞、独粒苞或小果。

（2）立地条件 板栗在山地和平地都能适应。山地比较复杂，受海拔高度、坡度、山梁或沟谷等的影响，山前台地、冲积扇、较宽广的谷地，土层深厚，保肥保水力好于河滩沙地，加之光照良好，甚至优于平原、河滩（图32～图34）。从全国产区来看，云南维西板栗分布在海拔2800m的山巅，大别山主峰天堂寨海拔1000m，也有板栗栽培。山东泰山、祖徕山栽培地可分布到海拔1000m以上，但经济栽培区均在海拔700m以下。河滩地土壤水分较丰，一般生长较快。因土壤偏砂质，土壤有机质少，保肥保水力差，如底土有淤土夹层，则较为理想。所以河滩地建园，宜种植豆科绿肥、客土（抽沙换土）和多施土杂肥，以逐步改良土质，增肥地力。一般河滩地栗实的甜度和耐贮性，都不及山地、丘陵的栗实。

（3）土壤 板栗对土质要求虽然不严但忌板结的土质。最理想的是沙石山地的褐色轻壤土，有机质丰富，蓄水蓄肥力强，质地疏松，透气性好，有利于共生菌根的发育。

板栗是果树中对盐碱土最敏感的果树之一，要求土壤的pH4.5～7.2，即微酸至中性，含盐量不高于0.2%。以山东为例，板栗栽培大体限于胶济铁路以南、津浦铁路以东的区域，加上胶东半岛（平度、莱州以东部分），主要依土壤盐碱程度分布。鲁西南、鲁北大片平原都不能种板栗，邹城东部能栽，西部不能种板栗；邹平南部能栽培，中、北部不能栽，是最明显的例子，而且分布界限明显，没有过渡带。河北省情况相仿，冀南只在太行山麓有少量种植，集中地都在燕山山脉长城内外，

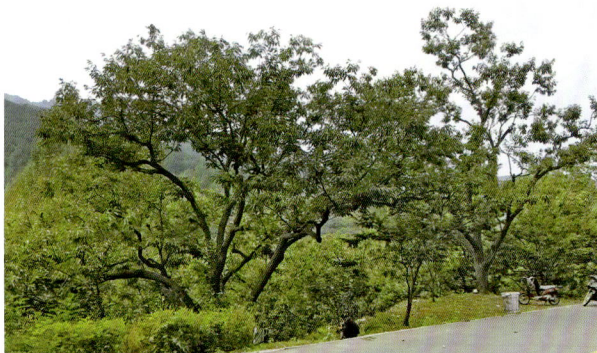

图32 我国北部丘陵地带（李好先 供图）

图33 平原区板栗栽培地（尹燕雷 供图）

图34 我国南部高海拔山区（孙其宝 供图）

即迁西、遵化两地。遵化集中于北部一角，毗邻的卢龙、石门因为是石灰岩山地以栽植核桃为主。到蓟县的盐碱平原区，玉田、丰润的产粮区就绝少栽植板栗树了。在南方产区酸碱性对板栗的影响不突出，由于长期的雨水冲蚀淋溶、植被的作用，板栗与多种适应微酸性土壤的林木相间分布。

2. 中国板栗的资源分布划分

中国板栗的栽培分布范围极为广泛，且栽培板栗的历史悠久，在古代，从目前的考古发现可以得知，板栗多分布于北方的华北地区、西北地区和南方的长江中下游地区。1997年江苏省植物研究所根据产区的气候、土壤条件、栽培方式、人工选择方向以及品种性状特性等因素，可大致分为6个地方品种群，包括华北品种群、长江中下游品种群、西北品种群、西南品种群、东南品种群和东北品种群（张宇和等，2005；田华等，2009；江锡兵等，2013）。

（1）华北品种群 分布于燕山山脉及太行山脉与黄河故道之间的河北、山东、河南东北部以及江苏北部地区。具有培植面积大、果实产量多、品质优等优点，是中国板栗的重要产区之一。主要特点：果实形状小，多数品种均为小果型，平均粒重一般不超过10g；大多品种果皮毛茸少，富有光泽，色泽鲜艳，果深褐色；肉质糯性，含糖量高，淀粉含量较低，品质优良。多数属实生繁殖，正逐步向嫁接化、品种化转变。具有代表性的栽培品种有'燕山早丰''燕山魁栗''燕山短枝''大板红''遵达栗''东陵明珠''遵化短刺''沂蒙短枝''信阳大板栗''确山紫油栗''豫罗红'等。

(2) 长江流域品种群　分布于湖北、安徽、江苏、浙江等地的长江流域区域，属北亚热带气候。主要特点：品种内性状比较一致，特征比较明显；大多为大果型品种，平均粒重在15g以上的品种约占品种总数的51%，最大者超过25g；果皮毛茸一般较多，光泽不如华北品种群的明亮；含糖量较低，一般在12%以下，而淀粉含量较高，一般在50%以上；大多数肉质偏粳性，果皮色泽暗淡，适宜作菜肴用。以嫁接繁殖为主，品种数量多，全区共有品种及品种系100余个，占全国品种总数1/3以上。具有代表性的栽培品种有江苏的'九家种''处暑红'，安徽的'大红袍''蜜蜂球''迟栗子'以及湖北的'浅刺大板栗''深刺大板栗'等。

(3) 西北品种群　分布于甘肃南部、陕西渭河以南、四川北部、湖北西北部和河南的西部等地。主要特点：品种果形小，平均粒重在8g左右，小的5g以下，大的可达10~15g，品种中果形不如华北品种群整齐；果面密布长茸毛，果皮色泽较深，光泽暗淡；肉质偏糯性，香甜，适于炒食。区域内品种数量较少，不足20个。具有代表性的栽培品种有'长安明拣栗''长安灰拣栗''镇安大板栗'等。

(4) 东南品种群　分布在浙江和江西的东南部，福建、广东、广西的东南大部以及湖南中部等地。主要特点：果实大小中等，平均粒重为10~15g，大多为中等果型，也有部分属于大果和小果品种；果皮毛茸较少而短，富有光泽，果皮以赤褐色居多；含糖量低，淀粉含量高，肉质偏粳性；果仁含水量高，不耐贮藏；果实品质差异较大。嫁接或实生繁殖，管理粗放。本区板栗实生变异大，种质资源丰富。具有代表性的栽培品种有'薄皮大油栗''灰黄油栗''毛板红'等。

(5) 西南品种群　分布于四川东南部、湖南西部、广西、贵州、云南等地。主要特点：坚果小，平均粒重8g左右；贵州及云南中部和东部大多果皮色泽深，呈黑色或深紫褐色，湘西及云南中、西部果实色泽较鲜艳呈赤褐色，光泽也较明亮；果实含糖量低，但淀粉含量较高，栗仁质地细密偏糯性；多数品种属实生繁殖，云贵高原部分品种呈半野生状态。具有代表性的栽培品种有'接板栗''油板栗''中秋栗'等。

(6) 东北品种群　分布在辽宁及吉林的南部，是一个日本栗与中国板栗混交种植的特殊区域。果型一般较大，但日本栗涩皮不易剥离，其商品价值不如其他品种群。具有代表性的栽培品种有'辽阳1号''辽南2号''绣球栗'等。

三　中国板栗地方品种的优势产区

作为板栗的原产国，我国板栗种植发展迅速，除黑龙江、内蒙古、宁夏、青海、新疆、西藏、上海和海南外，均有板栗出产。其中板栗产量在20万t以上的省有湖北、山东和河北，总产量占全国的43.68%；产量在10万~20万t的有安徽、云南、河南、辽宁、福建和湖南，总产量占全国的36.10%；产量在5万~10万t的有浙江、陕西、广西和贵州，总产量占全国的13.12%；产量在1万~5万t的有四川、江西、江苏、北京、广东和重庆，总产量占全国的6.71%；其余省（自治区、直辖市）的板栗产量在1万t以下（国家林业局，2011—2014）。

1. 河北省板栗地方品种分布区

河北省地处东经113°27'~119°50'、北纬36°05'~42°40'，横跨华北、东北两大地区，属温带大陆性季风气候。大部分地区四季分明。年日照时数2303小时，年无霜期81~204天；年均降水量484.5mm，降水量分布特点为东南多西北少；四季分明。板栗是河北省具有较大优势的土特产品之一，主要在邢台、迁西、兴隆、遵化、迁安、青龙和宽城等县市（图35~图40）。

迁西县位于河北省唐山市，该县特殊的地质条件，造就了适宜板栗栽培的生长条件。迁西板栗栽培源远流长，至今有2000多年的栽培历史，《战国策》记载"燕国……南有碣石雁门之饶，北有枣栗之利，民虽不田作而足于枣栗矣。此所谓天府者也。"《史记·货殖列传》中说："燕秦千树栗……此其人皆与千户侯等。"这里的"北"和"燕"，即包括今迁西一带。迁西板栗是河北省传统特色农产品，因外形玲珑，鲜艳而富有光泽，肉质细腻，糯性黏软，甘甜芳香，营养丰富，备受消费者欢迎。1993年4月，林业部确定迁西县为"优质板

图35 河北省迁西县大板栗树（李天忠 供图）

栗基地示范县"。1995年，迁西县被首批百家中国特产之乡命名宣传活动组委会命名为"中国板栗之乡"。2008年3月，迁西板栗被国家工商总局商标局认定为中国驰名商标，成为全国最大的板栗生产基地县。

邢台县板栗的生产基地位于邢台西部太行山区，栽种板栗已有悠久的历史，是我国优质板栗的重要区，邢台县又是河北省第二个产栗大县。2004年12月，邢台县被命名为"中国板栗之乡"。

兴隆板栗是燕山板栗的故乡，栽培历史悠久，"五方皆有板栗……唯渔阳、范阳栗甜美长味，他方悉不及也"，此处渔阳泛指兴隆县境内。至今，兴隆县境内尚有200余年的大树，主要分布于长城沿线10个乡镇。

遵化市位置属于东部季风区暖温带半湿润地区，大陆性季风气候显著，四季分明，气温适宜，日照时间长，热量充足，降水丰富。该市向南靠近渤海湾，是燕山山前平原，向北是冀北燕山山地，由于境内河流众多，形成了以中低山、高丘为主的侵蚀地貌，山地主要由片麻岩组成，土壤养分含量高于其他地区，极适板栗生长。板栗产区又位于东

南季风的迎风面，地形雨较多，水资源丰富，降水周期与板栗生长对水的需求相吻合。遵化板栗栽培有2000多年的历史，资源丰富，主要集中在北部长城沿线的马兰峪镇、侯家寨乡、小厂乡、建明镇、崔家庄乡等北燕山山脉。遵化板栗在日本市场享有"东方珍珠"的美誉。每年所产的板栗，80%远销日本及东南亚许多国家，出口创汇，在国际上颇负盛名。

主要品种包括'红明栗''油光栗''燕山魁栗''燕山短枝'（俗称'大叶青'）'紫光910''皮庄4号''邢台明栗'等地方品种（图41）。

2. 北京市板栗地方品种分布区

燕山山脉的栗属于华北品种群，主要分布在北京辖区内。北京市位于燕山山脉，而此地出产的燕山板栗在我国的板栗生产中具有独特的地位，是我国传统的出口商品，享誉海内外。目前，种植面积较大的为密云、昌平、平谷和延庆等四区，而北京燕山山脉板栗种植基地就坐落在北京市昌平区长陵镇北庄村。近年来，随着北京市大力发展板栗产业，推行板栗生产标准化，加强板栗标准化示范基地建设，实现了燕山板栗生产品种化、规模化和产业化，燕山板栗的产量和品质得到大幅度的提高和改善（王静慧等，2003；王静慧等，2005）。

怀柔区现有板栗种植面积是果树栽培总面积的77%，板栗是该区第一大果品产业，主要分布于南北两沟产区，包括九渡河、渤海两镇，桥梓镇的峪沟村，怀柔镇的甘涧峪村，雁栖镇的柏崖厂村至莲花池村；次分布于燕山山脉山前暖区，包括怀北镇的邓各庄、大水峪、河防口，雁栖镇的范各庄、下庄，怀柔镇的东四村、郭家坞、红军庄、孟庄，桥梓镇的北宅、后桥梓、平义分、沙峪口、岐庄等。2001年获得全国首批"中国板栗之乡"称号；2006年"怀柔板栗"获得原产地证明商标专用权。怀柔南北两沟在470年以前就有板栗栽培，现有明代、清代栽种的古板栗4万株以上，两沟主产区随处可见（图42～图46）。主要有'燕丰''燕红''燕昌''怀黄''怀九'等品种。

3. 山东省板栗地方品种分布区

山东省位于中国东部沿海、黄河下游，东经114°47.5'～122°42.3'、北纬34°22.9'～38°24.01'之间。境域包括半岛和内陆两部分，山东半岛突出于渤海、黄海之中，同辽东半岛遥相对峙；内陆部分

图36 河北省承德市板栗栽培区（李好先 供图）

图37 河北省邢台县板栗产区（李好先 供图）

图38 河北省保定市阜平县板栗主产区（李好先 供图）

图39 河北省宽城县板栗产区（李好先 供图）

图40 河北省秦皇岛市板栗产地（李好先 供图）

图41 '燕山魁栗'（李天忠 供图） 　图42 北京市密云区板栗老产区（李天　图43 北京市昌平区发现的老板栗树
忠 供图）　（李天忠 供图）

图44 北京市怀柔区板栗产区的老板栗树（李天忠 供图） 　图45 北京市怀柔区产区板栗生长情况（李天忠 供图）

图46 燕山山脉板栗产区高标准园（李天忠 供图）

自北而南与河北、河南、安徽、江苏4省接壤。境内中部山地突起，西南、西北低洼平坦，东部缓丘起伏，形成以山地丘陵为骨架、平原盆地交错环列其间的地形大势。气候属暖温带季风气候类型，降水集中，雨热同季，春秋短暂，冬夏较长。年平均气温11～14℃，山东省气温地区差异东西大于南北。

山东省是我国板栗主产区，栽培历史悠久，品种资源丰富，栽培分布广泛。从2000—2012年山东省板栗产业的发展来看，临沂板栗产量基本位居全省第一，但产量不稳定。泰安位居第二，总体呈上升趋势。烟台、潍坊和日照板栗产量波动较大，面积和产量减少明显。目前，山东省形成了以莒南、郯城、平邑、沂水、费县、蒙阴和临沭等县区的板栗产业带，建成了一批有一定地方特色的商品化生产基地，板栗产品的商品率在80%以上，但知名品牌还较少。板栗销售主要是个体分散经营或承包集体经营，基本上以原栗的形式出售，小规模分散经营的方式影响了栗农的经济收益（图47～图51）。主要品种包括'沂蒙短枝''上丰''红光''石丰''莱西大板栗''清丰''烟泉''海丰''浮来大红袍''南甘林''北高柱丰产''西店三号''宋家早''中明栗''东岳早丰''蒙山魁栗''石门早硕''红栗2号'等。'日本栗'在山东省文登地区也有少量分布（图52～图62）。

4. 河南省板栗地方品种分布区

河南省是我国板栗重点产区，分布广，栽培历史悠久，品种资源较为丰富。其资源分布主要集中在大别山、淮河平原、伏牛山以及太行山区。其中年产量在300万kg以上的有新县、罗山、光山、信阳和商城县，年产量在100万kg以上的有固始、确山、潢川、桐柏、南召、西峡等县。此外，还有许多县有零星分布。垂直分布大致在海拔100～900m范围内，全省由南至北呈现由高到低的趋势。目前，生产上应用的主要栽培品种有30多个，由于各地的气候和土壤条件及栽培习惯不同，形成了适宜各地风土条件的地方类型。

河南板栗资源可分为四大产区：信阳产区、南阳洛阳产区、林县产区和确山产区。信阳产区属大别山与桐柏山区，包括新县、罗山、光山、商城、桐柏等县，栽培品种以'大板栗'为主，新建栗园多以'豫罗红'为主，果个较大，产量高。南阳、洛阳产区属伏牛山区，包括卢氏、栾川、洛宁、嵩县、西峡、淅川、内乡及南召等地，以油栗为主，多为抗虫品种，

有部分早熟品种。林县产区属太行山区，主要分布在林县的太行山，油栗和茅栗均有，油栗品质较佳。确山产区位于淮河以北，包括确山、泌阳等，此区以油栗为主，坚果色泽鲜艳，品质很好，为全国传统优质板栗种植区。主要品种类型可分为大板栗、油栗、茅栗（图63、图64）。

5. 安徽省板栗地方品种分布区

安徽省是全国板栗重点产区之一，主产区位于皖南山区的宁国、广德，大别山区的舒城、金寨、霍山、六安、潜山、太湖、岳西等县市，皖东丘陵的滁州及沿江丘陵的池州等地也有成片栽植，淮北平原除盐碱地外都有板栗零星栽培。近几年由于板栗收购价格较低，农民种植积极性不高，栽培面积逐渐减小，据不完全统计，目前板栗栽培面积13万hm²左右（肖正东，2002；俞飞飞等，2014；俞飞飞等，2014）（图65～图68）。

金寨县位于大别山区，是安徽板栗第一大县，也是全国板栗生产重点县之一，被国家林业局命名为"全国名特优经济林板栗之乡"，与湖北的罗田县、河北的迁西县并列为全国产量最高的三大县，2013年"金寨板栗"地理标志证明商标已获国家工商总局商标局正式批准。

宣城市广德县板栗由于果型大，味甘美，宜生食、做菜、糖炒和加工，清嘉庆年间曾选为"贡品"，广德'大红袍'因品质优良受到青睐。

主要栽培品种有30余个，其中'大红袍''处暑红''软刺早''二新早''蜜蜂球'等地方优良品种通过安徽省林木品种审定委员会审定。在安徽板栗产区许多具有特殊形状的老品种被淘汰，如丛果性极强的品种'满天星'、高产型品种'洋辣蒲'等，还有表现出不同优点的实生优良单株，这些都是很好的育种材料，应引起重视（图69～图74）。

6. 湖北省板栗地方品种分布区

湖北省处于中国地势第二级阶梯向第三级阶梯过渡地带，地势呈三面高起、中间低平、向南敞开、北有缺口的不完整盆地。地貌类型多样，山地、丘陵、岗地和平原兼备。西、北、东三面被武陵山、巫山、大巴山、武当山、桐柏山、大别山、幕阜山等山地环绕，山前丘陵岗地广布，中南部为江汉平原，与湖南省洞庭湖平原连成一片，地势平坦，土壤肥沃，除平原边缘岗地外，海拔多在35m以下，略呈由西北向东南倾斜的趋势。特殊的地理

图47 山东泰安板栗产区（尹燕雷 供图）

图48 茶叶和板栗间种（尹燕雷 供图）

图49 山东省沂蒙山区矮化密植板栗园（尹燕雷 供图）

图50 山东省莒南县平地矮化园（尹燕雷 供图）

图51 山东省日照市矮化园板栗开花状（尹燕雷 供图）

图52 '沂蒙短枝'结果状（尹燕雷 供图）

图53 '沂蒙短枝'栗实（尹燕雷 供图）

图54 '莱西大板栗'雄花开花状（尹燕雷 供图）

图55 '莱西大板栗'栗实（尹燕雷 供图）

图56 '石丰板栗'果实（尹燕雷 供图）

图57 '海丰板栗'品种（尹燕雷 供图）

图58 '蒙山魁栗'开花状（尹燕雷 供图）

图59 '蒙山魁栗'果实（尹燕雷 供图） 图60 '石门早硕'植株（尹燕雷 供图） 图61 '红栗2号'果实（尹燕雷 供图）

图62 '红栗2号'开花状（尹燕雷 供图） 图63 河南省信阳市油栗生长情况（李好先 供图）

图64 大板栗生长情况（李好先 供图）

图65 安徽省宣城市板栗产区（孙其宝 供图）

图66 安徽省金寨县板栗产区（孙其宝 供图）

图67 安徽省宁国市板栗栽培区（孙其宝 供图）

位置孕育了物种的多样性，板栗的种质资源非常丰富（王晴芳等，2011）（图75、图76）。湖北省著名的板栗产区为罗田、京山和麻城等地。

罗田县位于大别山南麓，是首批命名的全国板栗之乡。2006年罗田板栗产量、面积均居全国之冠。2012年国家工商局授予罗田板栗地理标志保护产品证明商标，板栗成为罗田县第一大支柱产业，罗田板栗颜色鲜艳，营养丰富，极耐贮藏，以其果大质优而闻名于世，美国奥本大学洛顿教授通过对罗田板栗品种的实地考察后认为罗田是"世界板栗的基因库"。全县各地均有板栗栽培分布，以北丰、大河岸、平湖、河铺、大崎、胜利为主产区。

京山县位于湖北省荆门市，已有2000多年的栽培历史，而三阳镇还被誉为"神州板栗第一镇"，所出产的京山板栗是京山县的传统特色产品，板栗栽培分布主要在三阳镇的曹家坮、西川、双堰、桂花等村，是鄂中著名的优质板栗集散地之一。

麻城县被命名为"板栗之乡"，其中盐田

图68 安徽省舒城县板栗产区（孙其宝 供图）

图69 '软刺早'结果状（孙其宝 供图）

图70 '大红袍'栗实（孙其宝 供图）

图71 '蜜蜂球'结果状（孙其宝 供图）

图72 '处暑红'果实（孙其宝 供图）

图73 '叶里藏'全株结果状（孙其宝 供图）

图74 油栗果实（孙其宝 供图）

图75 湖北省随州市板栗主产区（李好先 供图）

图77 '九月寒'在产区结果情况（孙其宝 供图）

图76 湖北省罗田地区老板栗园（李好先 供图）

河镇是"全国板栗第一镇"，该镇板栗种植面积8000hm²，每年年产板栗2万t。盐田河镇实现了板栗产业增加、群众增收、林业增效，促进了当地精准扶贫户尽快脱贫致富。每年销售板栗的季节，该镇车水马龙、商贾云集，到处洋溢着丰收的喜悦。

主要品种包括'浅刺大板栗''深刺大板栗''中果中迟栗''羊毛栗''六月爆''红光油栗''乌壳栗''桂花香''乌壳大油栗''中迟栗''大红光''小红光''青毛早''红毛早''九月寒'等（图77）。

7. 浙江省板栗地方品种分布区

2012年浙江省板栗种植面积5.89万hm²，占全国板栗种植面积的3.33%，结果面积5.64万hm²。板栗产量5.97万t，占全国板栗产量的2.45%。板栗种植分布在45个县级地区。大于3333.33hm²的区县（市、区）4个，大于666.67hm²亩的区县（市、区）19个，小于666.67hm²的区县（市、区）22个。按种植面积排名靠前的分别为有：遂昌县、诸暨市、安吉县、上虞市、庆元县。

8. 湖南省板栗地方品种分布区

岳阳市三江镇地处岳阳县、平江县、汨罗市三县（市）交界处，气候属亚热带气候，位于东部季风区，雨水均匀，夏季气温不超过39℃，冬季气温不低于-4℃，是湖南省主要的板栗产区，三江镇板栗因品质优良而闻名，其果实个大，色泽白，口感好，不裂瓣，易加工，综合价值高。

沅陵县属于湖南省怀化市，地处沅水中游，武陵山脉的东南边，是湖南生产板栗的大县，也是重点县之一，丘陵山地出产的板栗在国内享有盛名。

主要栽培品种有'灰栗''毛栗红''大果油''沅优一号'等。

9. 广西壮族自治区板栗地方品种分布区

广西壮族自治区板栗、锥栗和地方小板栗资源丰富（图78～图81），隆安县隶属广西壮族自治区南宁市，位于广西的西南部、右江下游两岸，地处东经107°21'～108°6'、北纬22°51'～23°21'。隆安县栽培板栗始于明末，于1959年开始连片规模种植。2006年6月，隆安县被国家林业局命名为"中国板栗之乡"。隆安县委、县政府把板栗当作一项优势

特色农业和促进农业增效、农民增收的利民工程来抓。借助地理和资源优势，板栗生产迅猛发展。

东兰县地处广西西北，云贵高原南缘，红水河中游；东傍金城江区，西界凤山县，南傍大化、巴马县，北邻南丹、天峨县。水陆两便的隘洞镇是东兰县主要的板栗集散地，2001年国家林业局命名东兰县为"中国板栗之乡"。全县1000多株百年以上的板栗树仍硕果累累。

主要品种有'九家种''处暑红''本地26号''浙江双季板栗'等。

10. 广东省板栗地方品种分布区

广东省地处中国大陆最南部。东邻福建，北接江西、湖南，西连广西，南临南海，珠江口东西两侧分别与香港、澳门特别行政区接壤，西南部雷州半岛隔琼州海峡与海南省相望。广东省属于东亚季风区，从北向南分别为中亚热带、南亚热带和热带气候，是中国光、热和水资源最丰富的地区之一。全省平均日照时数为1745.8小时、年平均气温22.3℃。1月平均气温约为16～19℃，7月平均气温约为28～29℃，适宜板栗生长。该省板栗主要栽培

图78　小板栗结果状（李贤良　供图）

图79　小板栗产区（李贤良　供图）

图80　高大的锥栗树（李贤良　供图）

图81 锥栗果实（李贤良 供图）

分布区位于韶关市、河源市东源县、封开县长岗镇以及周边县区。

主要栽培品种包括'农大一号''河源油栗''封开油栗''韶栗18号''九家种''大果乌皮栗'等。

11. 福建省板栗地方品种分布区

福建省地处中国东南部、东海之滨，东隔台湾海峡，与台湾省相望，东北与浙江省毗邻，西北横贯武夷山脉与江西省交界，西南与广东省相连，连接长江三角洲和珠江三角洲。因靠近北回归线，受季风环流和地形的影响，形成暖热湿润的亚热带海洋性季风气候，热量丰富，雨量充沛，光照充足，年平均气温17～21℃，平均降水量1400～2000mm，是中国雨量最丰富的省份之一，气候条件优越，适宜人类聚居以及多种作物生长。

锥栗为特色果树资源，主要分布于南方林区、山区，作为新兴产业具有十分重大的意义。福建省是锥栗重要产区，主要分布在闽北山区，以建瓯、政和、建阳为分布中心，目前建瓯拥有锥栗面积2.8万hm²，产量近3万t；政和约1万hm²，产量约200万kg；建阳8000hm²，产量约150万kg。这3个

县市分别获得第一、二、三批"中国锥栗之乡"称号。此外，邵武、浦城、武夷山、泰宁等地也是锥栗的主要产区。全省锥栗栽培管理区域精细化，锥栗产品也从单一鲜果到干品、冻品、即食产品等多样化转变。

主要品种或品系包括'乌壳长芒''麦塞仔''圆蒂仔''薄壳仔''长芒仔'等，此外还有性状极为优良的育种材料。

12. 陕西省板栗地方品种分布区

陕西省陕南秦巴山区各县均有板栗分布，主要在安康地区和商洛地区，安康地区以宁陕、商洛地区以镇安为主。镇安板栗栽培历史悠久，镇安大板栗自古就在人们生活中占有重要地位，被誉为"木本粮食"，是传统的林业优势产业。先后被国家林业局评为"全国板栗之乡""全国经济林建设先进县"，进入"十二五"期间镇安再抢抓机遇，奋力突破，2015年基地规模达到5.3万hm²，产量达到2万t，板栗优势产业开发工程的全面实施，发挥出显著的效益，水土流失得到遏制，生态环境、农业生产条件明显改善，农民人均纯收入大幅度提高，

板栗产业建设步入了一个新的发展时期。板栗已成为镇安农村经济发展的主导产业和农民脱贫致富的骨干财源。

主要品种为'镇安大板栗''镇安一号'等。

13. 江西省板栗地方品种分布区

靖安县位于江西省西北部，宜春市北部，地处东经114°55′~115°31′、北纬28°46′~29°06′之间，东邻安义县，南界奉新县，西毗修水县，北接武宁县，东北连永修县，属于北亚热带湿润气候，春季回暖迟，有春寒，夏季炎热时间长，秋季凉得快，冬季较寒冷，四季分明。气候温和，气温东西相差大，降水分布不匀，一般山区大于平原。靖安县是江西板栗主产区，历史悠久，靖安板栗含淀粉高，糖分多，具有香、甜、糯等风味，既可生食，也可炒熟吃，颇受顾客欢迎，名扬海内外。近年来，随着靖安旅游业的发展，板栗果园观光和板栗采摘体验乡村游又成了靖安一道火热的精品旅游线路。靖安板栗主要分布在靖安县的仁首、宝峰、双溪、水口、高湖等地。

主要栽培品种有'油光栗''中秋栗''桂花栗''大红袍''处暑栗''毛板红'等，特别是'油光栗'和'中秋栗'以味香甜、颗粒大、久烹不碎而著称。

14. 辽宁省板栗地方品种分布区

辽宁省丹东市处于辽东山地的东南部，属丘陵地带，地势北高南低，受黄海影响，丹东市南部具有海洋性气候特点。雨水充沛，终年湿润，是中国北方降水量最多的地区，年平均降水量多在800~1200mm之间。年平均气温为6~9℃，年极端最高气温33~37℃，年极端最低气温为-26~-39℃。丹东市板栗栽培始于明末清初，2006年获地理标志产品保护，丹东板栗是丹东地区的优势经济林树种，全市板栗栽培遍及每个乡（镇），面积超万亩*的乡（镇）有38个，最著名的乡镇有凤城市的红旗镇、蓝旗镇、东汤镇；东港市的长安镇、汤池镇、十字街镇；宽甸满族自治县的古楼子乡、大西岔镇、步达远镇，丹东市已成为全国市级地域范围内最大的板栗生产和加工栗出口基地。宽甸满族自治县、凤城市被国家命名为全国经济林示范县（市），东港市被省政府命名为板栗基地市。

主要品种有'金华''岳王''丹泽''丽平''有磨''土60''9210''辽栗10号''辽栗23号''大

峰''9113''国见'等。

四　我国板栗地方品种资源收集、整理和利用研究

丰富的品种资源，是我国劳动人民千百年来辛勤创造的宝贵财富。板栗多实生繁殖，异花授粉，品种类型多样，优劣混杂，名、物混乱，家底不清。全国各地板栗品种同名异物和同物异名现象非常普遍。如毛栗、油栗、迟栗几乎每一个省（自治区、直辖市）都有。为摸清品种资源，澄清品种混乱，从20世纪50年代开始，多家单位相继开展了资源调查及相关基础研究，一批优异的资源首次被发掘出来。

1. 我国板栗地方品种资源收集

20世纪60年代开始，我国开始认识到中国栗属植物种质资源的重要性，从最早的南京中山植物园到中国林业科学研究院、江苏省中国科学院植物研究所、山东省果树研究所、河北省农林科学院昌黎果树研究所等科研单位，先后开展了板栗种质资源收集工作，目前中国栗属植物保存最多的单位包括国家板栗种质资源圃和河北省农林科学院昌黎果树研究所。

国家果树核桃、板栗资源圃位于山东省泰安市，依托山东省果树研究所建立，现有圃地面积10hm²，划分为保存圃、引种观察圃和种质创新圃，建圃30多年来已保存来自全国各地及日本、美国等国家的板栗种质资源336份，栗属种质资源包括了板栗、锥栗、茅栗、日本栗、欧洲栗和美洲栗等6个种，是我国保存板栗种质资源最丰富的圃地。在科技部、农业部和山东省相关项目资助下，完成了160份板栗资源的系统鉴定，培育出多个板栗品种，在种质鉴定、抗逆和品质性状基因功能研究等方面取得显著成果；先后与多个省和地区的高校、科研和生产单位合作，有力推动了我国板栗产业的发展，产生了良好的社会效益（图82）。

河北省农林科学院昌黎果树研究所，地处河北省东北部的昌黎县城关，属秦皇岛市辖县，是一个以应用技术研究为主的省级专业技术科研单位，主要开展苹果、梨、葡萄、桃、板栗、甜樱桃等树种的资源创新、遗传育种、优质丰产栽培技术等方

---

*1亩=1/15hm²

图82 资源圃内板栗生长情况（尹燕雷 供图）

面的研究与应用。目前，在板栗方向上主要开展板栗新品种选育、种质创新、特异种质资源搜集、保存、利用与评价研究等方面。选育了一批符合市场要求、品质好、经济效益高、便于管理、栗农青睐的板栗新品种。现保存板栗种质资源284份，包括特殊种质资源100份，此外，保存了人工杂交苗12000份。

2. 板栗矮化砧木研究进展

选育优良矮化砧或矮化中间砧，通过降低树体高度和增加栽植密度来提升板栗产量和品质，成为生产上亟待解决的问题（田寿乐等，2006；高凤英等，2006）。我国栗属资源丰富，这为板栗矮化砧木选育提供了种质资源。迄今，我国主要板栗产区仍以本砧嫁接为主，砧穗亲和力强，成活率多在80%以上。研究表明，不同品种与相同砧木组合，亲和力显著不同；同一品种嫁接在不同年龄的砧木上，随时间延长，亲和率呈下降趋势，砧龄愈小，亲和率愈高。板栗用本砧最为普遍，嫁接亲和力也最高，从中选育出优良矮化砧或矮化中间砧最有可能，但本砧多为乔木，很难起到矮化效果（杨剑等，2005；田寿乐等，

2006）。目前所知，只有少数品种树体较为矮化，如'燕山短枝''沂蒙短枝''垂枝1号''引选3号''宽矮化''金坪矮垂栗'等。以'沂蒙短枝''燕山短枝''阳光短枝''莲花栗'作中间砧嫁接'石丰'品种，成活率均在87%以上，其中以'沂蒙短枝'为中间砧的组合矮化效果最显著，树高和冠幅分别为对照的71.8%和63.3%，增产效果也最明显；以'金坪矮垂栗'作中间砧嫁接板栗亲和性良好，并表现出一定矮化作用。辽宁经济林研究所已选出'丹东栗'矮化型单株3个，引进板栗矮生型单株4个，野生型毛栗1个，有望从中选出矮化砧或矮化中间砧。

3. 中国板栗地方品种的生殖生物学研究

长期以来，与板栗有关的生物学研究工作取得了丰硕成果。近代学者对板栗生殖生物学特性进行了较为详细的研究，揭示了板栗花特性及开花结果习性，明确了花芽分化及内源激素调控机制，明晰了板栗胚胎发育过程，对板栗空苞发生机理进行了详细研究。

总体看来，板栗雌花由两性花发育而来，具有异花授粉结实及花粉直感的生物学特性；营养物

质、内源激素是板栗花芽分化及花器官发育的物质基础，是影响花芽分化和花性别分化的生理原因，也是导致空苞发生的最终原因，授粉受精不良、胚胎发育受阻是产生空苞的直接原因（刘国彬等，2011）。虽然，板栗生殖生物学研究取得了丰硕成果，但主要集中于形态学、生理学、细胞学领域，而且内源激素在板栗花性别分化中的具体作用尚需进行论证，板栗花发育及空苞发生的分子机理研究尚未取得突破性进展（金松南等，2006；赵扬等，2009；朱晓琴等，2009）。

新材料、新种质也带动着板栗生殖生物学的发展。随着板栗雄性不育种质的发现，板栗生殖生物学研究进入了一个新的阶段。刘丽华等对雄花完全败育品种'浮来无花'进行了花芽分化及生理生化分析，揭示其为花粉囊型不育，保护酶活性变化异常是导致其败育的生理原因（刘丽华，2007；刘丽华等，2007；刘丽华等，2009）；对不完全雄性败育种质短雄花序板栗败育原因进行分析，认为细胞程序性死亡导致雄花序部分败育，并从中分离出与其相关的基因（张靖等，2007；张靖，2007）。雄性不育研究加速了板栗生殖生物学与生物技术的结合，并逐渐形成利用生物技术，结合形态学、细胞学、胚胎学对板栗生殖生物学某一方面进行深入研究，从表观入手，揭示分子机理的体系。

4. 板栗价值及品质评价工作

板栗与枣、柿、核桃并列为四大干果，在商品市场上一直是高档消费品。另外，板栗在绿化环境、水土保持、用材、林业、化工业（如刺苞中的单宁）等方面，利用价值也很大（庞文路，2003；高海生等，2004；都荣庭等，2005；张雪丹等，2012）。板栗淀粉含量很高，同时包括糖类、蛋白质、脂肪、维生素和无机盐。每100g栗子含糖及淀粉62～70g，蛋白质5.1～10.7g，脂肪2～7.4g，碳水化合物40～45g。生栗维生素的含量可高达40～60mg，熟栗维生素的含量约25mg。栗子另含有钙、磷、铁、钾等无机盐及胡萝卜素、B族维生素等多种成分（徐志祥等2004；周礼娟等，2008；陈洁等，2013）。蛋白质含量高于稻米，赖氨酸、异亮氨酸、蛋氨酸、半肌氨酸、苏氨酸、色氨酸、苯丙氨酸、酪氨酸等氨基酸的含量超过FAO/WHO的标准，而赖氨酸是水稻、小麦、玉米和大豆类的第一限制

性氨基酸，苏氨酸是水稻、小麦的第二限制性氨基酸，色氨酸和蛋氨酸分别是玉米和豆类的第二限制性氨基酸。由此可见，食用板栗可以补充禾谷类和豆类中限制性氨基酸的不足，有利于改良谷物和豆类的营养品质。板栗营养质量在不同产区品种间存在较大差异，板栗营养质量也存在地域性特征，来源地相近的板栗营养质量也相似，板栗的营养成分与其亲缘关系之间有一定的关联（陈顺伟等，2000；姜德志等，2011；阚黎娜等，2016），通过比较不同产区品种板栗的营养成分差别，可为板栗资源的优株鉴选和营养质量鉴定，以及板栗加工的原料选择提供理论依据。

5. 我国板栗引种和育种工作

为丰富不同产区板栗的资源，推动板栗产业发展，引种是最为有效的方式之一，引种工作很早就开始进行，尤其在生态条件相似的产区更为普遍，但受交通等方面的制约，不同生态区域间大规模引种却很少见。进入20世纪60年代，山东省果树研究所从江苏、广西、湖南、湖北、安徽、浙江等地引入一批良种，如'处暑红''铁粒头''大底青''粘底板''青毛软刺''广西中果红皮''宜兴薄壳''长毛焦扎'等。经过10余年的引种驯化，最终评选出在引种区域表现较好的品种，在短时期内丰富了当地的品种资源。

传统的板栗产区长期采用实生繁殖，导致单株间性状分离严重，在坚果大小、产量、品质、成熟期、抗病性等重要经济性状方面存在较大差异，但如此浩瀚的实生群体也蕴含着丰富的优异资源，为板栗的实生选种提供了物质基础。通过实生选种选育出适合生产要求的新品种，成为效率最高，也是效果最好的途径之一。针对生产中实生树比例过大、劣质树多、产量低而不稳、结果迟等现状，选种目标主要集中在高产、稳产、优质、早实等经济性状上，同时兼顾不同成熟期等相关性状。国家"六五"和"七五"期间，山东省果树研究所、河北昌黎果树研究所、辽宁经济林研究所、北京农林科学院林业果树研究所等多家单位合作，选出了一批高产优质品种，为我国板栗生产的快速发展奠定了基础。

20世纪60年代，南京中山植物园率先进行了栗属种间杂交，并获得了一批杂种苗。山东省果树研究所于1971年开始板栗杂交工作，先后选取了野板

栗×泰安薄壳等30余个杂交组合。经过近20年的连续选择，先后选育出'杂18'（无花×日本栗）等4个优良品种（系），不仅实现了新种质的创新，同时对板栗生产也起到积极的促进作用。在此期间，对其他育种途径的探讨也卓有成效，山东省果树研究所通过芽变选种选出了'红栗'（老红栗芽变）等品种。另外，诱变技术在板栗育种上得以应用，20世纪60年代南京中山植物园利用秋水仙素诱导板栗多倍体，获得了一批四倍体变异；用快中子处理板栗芽或枝条也取得成效，如获得的76-6等优系和10-14突变系（后定名为'山农辐栗'），快中子处理'阳山油栗'，获得矮化新品种'农大1号'等（朱干波，1981；谢治芳等，1993）。

进入21世纪以来，特别是近几年随着板栗主产区对板栗产业的重视，各板产区育种工作取得了丰硕的成果，可谓是遍地开花，目前选育的品种多具有早熟、品质优良、抗性强、适于密植等特点；从选育品种数量来看多集中在板栗的优势主产区，如河北、山东、湖北和北京等地区（表2）；从这些品种的育种方式看，多为实生育种而来，通过实生选种获得优良品种的工作，得益于本地区板栗丰富的地方种质资源，随着对板栗不同类型品种的需求，深信各产区育种者会对地方品种资源展开更加深入的评价工作。

中国栗属资源在世界栗属资源保护中的作用是至为关键的，也是独一无二的（张宇和，1963；黄宏文，1998）。目前，在板栗育种、遗传多样性研究、生殖生物学研究、品质鉴定等方面的研究都是基于我国现有板栗地方品种种质资源的基础之上，由于板栗优势产区品种的选育方式大多是优中选优，板栗地方品种的利用率不高，还有很多的地方品种资源没有得到挖掘，对中国现有栗属资源的补充调查，是相当长一段时间内需要努力做的基础工作，为制定中国栗属资源保护及可持续利用策略奠定基础。我们应采取一些措施来保护资源，以防止我国宝贵的资源在未充分利用之前而流失，正确开发利用中国丰富的栗属遗传多样性资源，停止对野生栗属资源的改造和人工毁林造林。在许多边远山区，人们还热衷于利用少数几个优良品种以野生资源作砧进行高接换种，变野生板栗林为人工栽培林，一是成功率极低，效益甚微；二是造成了大量的栗属遗传资源流失。

五　中国板栗地方品种调查结果、产业发展存在的问题和建议

通过对中国板栗地方品种的资源调查和收集，共收集100余份板栗地方品种资源，其中北部片区和东部片区收集的板栗资源最多，达84份，占了全部资源的69.4%，也充分说明了这些地区的板栗种质资源丰富；中部和南部各16份种质，分别占13.2%，其中南部多数品种为锥栗，而调查的板栗资源较少；西部调查的板栗资源为茅栗。虽然取得了一定的成果，但由于受多方面因素的限制，此次资源调查没有涉及所有的板栗分布区域，今后在种质资源调查和收集工作方面还有很多工作要开展，希望此次调查和收集的种质资源能为板栗地方品种的利用研究提供较为全面的资料，为促进板栗地方品种科研与生产提供基础。

我国板栗栽培分布范围广，以黄河流域的华北各地和长江流域各地栽培最为集中，产量最大。我国各板栗产区经过多年努力，板栗生产已初步实现了品种良种化（黄武刚等，2003；蔡荣等，2007；乔婧芬等，2010）。在世界板栗日益衰退的情况下，中国仍是世界板栗生产的传统大国，板栗的总产量和栽培面积有逐年增加趋势，种植面积和产量均居世界第一，远超其他国家和地区。根据FAOSTAT数据库的数据，1995年以来，中国板栗生产规模迅速扩张，2010年板栗收获面积达到29.50万hm²，是1995年的4.66倍，年均增长率达10.81%，占世界板栗面积的56.11%；2010年板栗产量高达162.00万t，是1995年的5.40倍，年均增长率达11.90%，占世界板栗年总产量的82.71%。从生产区域分布看，中国板栗生产主要集中在湖北、山东、河南、河北和安徽等省份，2010年五省的板栗产量分别为27.67万t、27.35万t、20.65万t、17.46万t和13.72万t，产量合计占全国总产量的65.96%。从国内消费量分析，随着我国人均收入水平的不断提高，城乡居民膳食结构不断升级，人们对板栗产品需求量也越来越大，2010年中国板栗国内市场消费量为159.50万t，比1995年增加了133.05万t，是1995年的6.03倍。

虽然我国板栗产业取得了很大发展，通过调查发现各优势产区也存在一些阻碍板栗产业可持续发展的共性问题。随着农村产业结构调整和生产成

表2 部分省（直辖市）选育的板栗地方品种（2010—2016年）

选育地区	品种	主要特点	育种方式	参考文献
河北省	'林宝'	早实、优质、抗逆	实生育种	齐国辉等，2010
	'燕晶'	丰产、优质	实生育种	刘庆香等，2010
	'林冠'	加工类型	实生育种	李保国等，2010
	'燕光'	适宜密植型	实生育种	王广鹏等，2011
	'燕兴'	抗寒、丰产、优质	实生育种	王广鹏等，2012
	'燕奎'	早熟、丰产	实生育种	王广鹏等，2013
	'燕金'	早熟、优质	实生育种	张树航等，2015
	'南垂5号'	丰产、优质、果大	杂交育种	张树航等，2016
山东省	'红栗2号'	早熟、丰产、宜炒食	实生育种	田寿乐等，2010
	'岱丰'	丰产、优质	实生育种	张继亮等，2010
	'东岳早丰'	早熟、优质、抗红蜘蛛	实生育种	明桂冬等，2010
	'岱岳早丰'	早熟、优质、丰产	实生育种	沈广宁等，2011
	'泰林2号'	早熟、优质	实生育种	孙海伟等，2014
北京市	'怀丰'	丰产、优质	实生育种	兰彦平等，2011
	'京暑红'	早熟	实生育种	秦岭等，2013
湖北省	'金栗王'	加工型日本栗	实生育种	徐育海等，2010
	'玫瑰红'	丰产、抗性好	实生育种	程水源等，2015
	'八月红'	丰产、优质	实生育种	程军勇等，2011

本增加，经济效益下降，严重影响了果农生产积极性，再加上农村劳动力向城市转移，导致低产板栗园面积增加。部分产区栗园嫁接时自己随意采集接穗，导致了板栗园区品种混杂，品质、产量相差悬殊，成熟期参差不齐，不利于管理，品种结构不合理等难以迎合市场的需求。

针对这些问题，引进和筛选不同区域、不同条件下的适生新品种，选育高糖、不褐变、适宜加工的板栗优良品种，建立优良品种采穗圃，通过高接换优和培育优良品种嫁接苗，对现有品种逐步进行调整更新，实现栽培良种化、区域化，品种合理搭配，实现种植效益最大化。而引种和选种工作又与种质资源收集保存密不可分，要有计划地保存特殊优点的单株或实生种，更要积极挖掘地方优良资源加以利用，同时，注重生态经营和生态修复，强调适地适树和自然修复，停止对生态系统的掠夺性开发，保持生物多样性，此项工作为板栗地方品种种质资源的保护提供生态基础。随着现代化进程的加快，为保障板栗产业健康持续发展，满足市场多元化需求至关重要，所以，开展板栗地方种质资源调查、评价研究非常重要。中国板栗、茅栗和锥栗资源十分丰富，可利用作为对中国板栗等现有栗品种改良的优良亲本，结合利用现代分子生物学技术进行品种鉴别，发掘优良品种，将是中国食用栗品种走向标准化、产业化的重要途径，也将大幅度提高我国食用栗在国际市场上的占有量。

中国板栗地方品种图志

长毛栗

Castanea mollissima Blume 'Changmaoli'

调查编号： YINYLZGY001

所属树种： 板栗 *Castanea mollissima* Blume

提 供 人： 周光友
电　话： 13854893349
住　址： 山东省泰安市岱岳区化马湾乡双泉村

调 查 人： 尹燕雷
电　话： 0538-8334070
单　位： 山东省果树研究所

调查地点： 山东省泰安市岱岳区化马湾乡双泉村

地理数据： GPS数据（海拔：340m，经度：E117°19'43"，纬度：N36°03'36"）

样本类型： 种子（果实）、叶、枝条

生境信息

来源于当地，生长于旷野中的坡地，该土地为原始林，土壤质地为砂壤土。种植年限为400～500年，现存10000株。

植物学信息

1. 植株情况

乔木，树势强，树姿开张，树形圆锥形。树高24.5m，冠幅东西25m、南北20m；干高2m，干周250cm，主干褐色，皮丝状裂，枝条密度中等。

2. 植物学特征

1年生枝黄绿色，中等长，中等粗；嫩梢上茸毛少，白色；皮目平；阔披针状叶，叶色浓绿，叶尖渐尖，叶缘粗锯齿；有中等长针刺；果实圆形或椭圆形，果皮绿色。

3. 果实性状

坚果纵径2.8cm，横径3.1cm，侧径2.6cm，坚果重9.5g；边果半圆形；壳面光滑，颜色中等深；壳厚度0.15mm（以两颊中心处的壳厚为准）；平均核仁重9.1g，出仁率92%；核仁充实饱满，黄白色；核仁风味香甜；坚果淀粉含量35%，蛋白含量4%，涩皮难剥离。

4. 生物学习性

萌芽力强，发枝力强，新梢一年平均长30～50cm，生长势强。晚实，开始结果年龄为第7年，盛果期年龄8～15年；以长中果枝结果为主，果台副梢抽生及连续结果能力强，多在树冠外围结果；坐果力中等，生理落果少，采前落果多，产量中等，大小年显著，单株平均产量（盛果期）25kg。4月中旬萌芽，雄花盛开期为5月下旬，雌花盛开期为6月上中旬，雄花序凋落期为6月中旬，果实采收期为9月上中旬，落叶期为11月下旬。

品种评价

植株抗旱，耐贫瘠，耐涝性差，对寒、旱、瘠、盐、风、日灼等恶劣环境有较强抵抗能力；对土壤、地势、栽培条件的要求不严格；坚果优质可实用；播种或嫁接繁殖，每年修剪可有助于产量提高。

植株

枝叶

花

果实

八甲栗

Castanea mollissima Blume 'Bajiali'

- 调查编号： YINYLZGY002

- 所属树种： 板栗 *Castanea mollissima* Blume

- 提 供 人： 周光友
  电　　话： 13854893349
  住　　址： 山东省泰安市岱岳区化马湾乡双泉村

- 调 查 人： 尹燕雷
  电　　话： 0538-8334070
  单　　位： 山东省果树研究所

- 调查地点： 山东省泰安市岱岳区化马湾乡双泉村

- 地理数据： GPS数据（海拔：411.6m，经度：E117°19'25"，纬度：N36°03'29"）

- 样本类型： 种子（果实）、叶、枝条

生境信息

来源于当地，生长于旷野中的坡地，该土地为原始林，土壤质地为砂壤土。种植年限为400～500年，现存10000株。

植物学信息

1. 植株情况

乔木，树势强，树姿开张，树形圆锥形。树高22.5m，冠幅东西12m、南北11m；干高1.4m，干周200cm，主干褐色，皮丝状裂，枝条密度中等。

2. 植物学特征

1年生枝黄绿色，中等长，中等粗；嫩梢上茸毛少，白色；皮目平；单叶叶长12～16cm、宽6～8cm，叶柄长0.5cm，单叶阔披针状，叶色浓绿，叶尖急尖，叶缘粗锯齿；有中等长针刺；雄花芽多，雄花数量中等；果实圆形或椭圆形，果皮绿色，栗苞易脱离。

3. 果实性状

坚果纵径2.7cm，横径3.0cm，侧径2.6cm，坚果重9.4g，有光泽，边果半圆形；底座小而光滑；壳面光滑，颜色中等；壳厚度0.15mm（以两颊中心处的壳厚为准）；平均核仁重9.1g，出仁率92%；核仁充实饱满，黄白色；核仁风味香甜；坚果淀粉含量35%，蛋白含量4%，涩皮难剥离。

4. 生物学习性

萌芽力强，发枝力强，新梢一年平均长30～50cm，生长势强。晚实，开始结果年龄为第7年，盛果期年龄8～15年；以长中果枝结果为主，果台副梢抽生及连续结果能力强，多在树冠外围结果；坐果力中等，生理落果少，采前落果多，产量中等，大小年显著，单株平均产量（盛果期）25kg。4月中旬萌芽，雄花盛开期为5月下旬，雌花盛开期为6月上中旬，雄花序凋落期为6月中旬，果实采收期为9月上中旬，落叶期为11月下旬。

品种评价

植株抗旱，耐贫瘠，耐涝性差，对寒、旱、瘠、盐、风、日灼等恶劣环境有较强抵抗能力；坚果优质；主要病虫害种类为桃蛀螟、栗绛蚧、栗瘿蜂、板栗炭疽病、板栗皮疣枝枯病和缺素症等；播种或嫁接繁殖。

花

枝叶

植株

果实

双泉早熟栗

Castanea mollissima Blume
'Shuangquanzaoshuli'

调查编号：YINYLZGY003

所属树种：板栗 *Castanea mollissima* Blume

提 供 人：周光友
电　　话：13854893349
住　　址：山东省泰安市岱岳区化马湾乡双泉村

调 查 人：尹燕雷
电　　话：0538-8334070
单　　位：山东省果树研究所

调查地点：山东省泰安市岱岳区化马湾乡双泉村

地理数据：GPS数据（海拔：407.7m，经度：E117°19'27"，纬度：N36°03'30"）

样本类型：种子（果实）、叶、枝条

生境信息

来源于当地，生长于旷野中的坡地，该土地为原始林，土壤质地为砂壤土。种植年限为400~500年，现存10000株。

植物学信息

1. 植株情况

乔木，树势强，树姿开张，树形圆锥形。树高23m，冠幅东西15m、南北10m；干高1.5m，干周170cm，主干褐色，皮丝状裂，枝条密度中等。

2. 植物学特征

1年生枝黄绿色，中等长，中等粗；嫩梢上茸毛少，白色；皮目平；单叶叶长12~16cm、宽6~8cm，叶柄长0.5cm，单叶阔披针状，叶色浓绿，叶尖急尖，叶缘粗锯齿；有中等长针刺；果实圆形或椭圆形，果皮绿色，青皮厚度中等，栗苞易脱离。

3. 果实性状

坚果纵径2.9cm，横径3.2cm，侧径2.8cm，坚果重10.4g，有光泽，边果半圆形；壳面光滑，颜色中等；壳厚度0.16mm（以两颊中心处的壳厚为准）；平均核仁重9.9g，出仁率92%；核仁充实饱满，黄白色；核仁风味香甜；坚果淀粉含量34%，蛋白含量4%，涩皮难剥离。

4. 生物学习性

萌芽力强，发枝力强，新梢一年平均长30~50cm，生长势强。晚实，开始结果年龄为第7年，盛果期年龄8~15年；以长中果枝结果为主，果台副梢抽生及连续结果能力强，多在树冠外围结果；坐果力中等，生理落果少，采前落果多，产量中等，大小年显著，单株平均产量（盛果期）25kg。4月中旬萌芽，雄花盛开期为5月下旬，雌花盛开期为6月上中旬，雄花序凋落期为6月中旬，果实采收期为9月上中旬，落叶期为11月下旬。

品种评价

植株对寒、旱、瘠、盐、风、日灼等恶劣环境有较强抵抗能力；对土壤、地势、栽培条件的要求不严格；坚果优质早熟；主要病虫害种类为桃蛀螟、栗瘿蜂、板栗炭疽病；播种或嫁接繁殖，每年修剪可有助于产量提高。

植林

花

叶片

果实

双泉栗

Castanea mollissima Blume 'Shuangquanli'

调查编号： YINYLZGY004

所属树种： 板栗 *Castanea mollissima* Blume

提供人： 周光友
电话： 13854893349
住址： 山东省泰安市岱岳区化马湾乡双泉村

调查人： 冯立娟
电话： 0538-8334070
单位： 山东省果树研究所

调查地点： 山东省泰安市岱岳化马湾乡双泉村

地理数据： GPS数据（海拔：412.7m，经度：E117°19'24"，纬度：N36°03'29"）

样本类型： 种子（果实）、叶、枝条

生境信息

来源于当地，生长于旷野中的坡地，该土地为原始林，土壤质地为砂壤土。种植年限为400～500年，现存10000株。

植物学信息

1. 植株情况

乔木，树势强，树姿开张，树形圆锥形。树高25m，冠幅东西24m、南北19.5m；干高2.2m，干周220cm，主干褐色，皮丝状裂，枝条密度中等。

2. 植物学特征

1年生枝黄绿色，中等长，中等粗；嫩梢上茸毛少，白色；皮目平；单叶叶长13cm、宽8cm，叶柄长0.5cm，单叶长卵圆形，叶色浓绿，叶尖急尖，叶缘粗锯齿；有中等长针刺；果实圆形或椭圆形，果皮绿色，栗苞易脱离。

3. 果实性状

坚果纵径2.8cm，横径3.1cm，侧径2.7cm，坚果重9.8g，有光泽，边果半圆形；壳面光滑，颜色中等；壳厚度0.16mm（以两颊中心处的壳厚为准）；平均核仁重9.4g，出仁率91%；核仁充实饱满，黄白色；核仁风味香甜；坚果淀粉含量34%，蛋白含量4%，涩皮难剥离。

4. 生物学习性

萌芽力强，发枝力强，新梢一年平均长30～50cm，生长势强。晚实，开始结果年龄为第7年，盛果期年龄8～15年；以长中果枝结果为主，果台副梢抽生及连续结果能力强，多在树冠外围结果；坐果力中等，生理落果少，采前落果多，产量中等，大小年显著，单株平均产量（盛果期）25kg。4月中旬萌芽，雄花盛开期为5月下旬，雌花盛开期为6月上中旬，雄花序凋落期为6月中旬，果实采收期为9月上中旬，落叶期为11月下旬。

品种评价

植株抗旱，耐贫瘠，耐涝性差，对寒、旱、瘠、盐、风、日灼等恶劣环境有较强抵抗能力；坚果优质；主要病虫害种类为桃蛀螟、栗绛蚧、栗瘿蜂、板栗炭疽病；播种或嫁接繁殖。

花

植株

枝叶

果实

九龙窝

Castanea mollissima Blume 'Jiulongwo'

- 调查编号：YINYLZGY005

- 所属树种：板栗 *Castanea mollissima* Blume

- 提 供 人：周光友
  电　　话：13854893349
  住　　址：山东省泰安市岱岳区化马湾乡双泉村

- 调 查 人：尹燕雷
  电　　话：0538-8334070
  单　　位：山东省果树研究所

- 调查地点：山东省泰安市岱岳区化马湾乡双泉村

- 地理数据：GPS数据（海拔：480m，经度：E117°08'49"，纬度：N36°20'27"）

- 样本类型：种子（果实）、叶、枝条

生境信息

来源于当地，生长于旷野中的坡地，该土地为原始林，土壤质地为砂壤土。种植年限为400～500年，现存10000株。

植物学信息

1. 植株情况

乔木，树势强，树姿开张，树形圆锥形。树高20.5m，冠幅东西24.2m、南北22.5m；干高1.5m，干周265cm，主干褐色，皮丝状裂，枝条密度中等。

2. 植物学特征

1年生枝黄绿色，中等长，中等粗；嫩梢上茸毛少，白色；皮目平；单叶叶长20cm、宽8.9cm，叶柄长1.2cm，单叶长卵圆形，叶色浓绿，叶尖急尖，叶缘粗锯齿；有中等长针刺；果实圆形或椭圆形，果皮绿色，栗苞易脱离。

3. 果实性状

坚果纵径2.8cm，横径3.2cm，侧径2.7cm，坚果重9.8g，有光泽，边果半圆形；壳面光滑，颜色中等；壳厚度0.16mm（以两颊中心处的壳厚为准）；平均核仁重9.4g，出仁率91%；核仁充实饱满，黄白色；核仁风味香甜；坚果淀粉含量34%，蛋白含量4%，涩皮难剥离。

4. 生物学习性

萌芽力强，发枝力强，新梢一年平均长42.3cm，生长势强。晚实，开始结果年龄为第7年，盛果期年龄8～15年；以长中果枝结果为主，果台副梢抽生及连续结果能力强，多在树冠外围结果；坐果力中等，生理落果少，采前落果多，产量中等，大小年显著，单株平均产量（盛果期）100kg。4月中旬萌芽，雄花盛开期为5月下旬，雌花盛开期为6月上中旬，雄花序凋落期为6月中旬，果实采收期为9月上中旬，落叶期为11月下旬。

品种评价

植株抗旱，耐贫瘠，耐涝性差，对寒、旱、瘠、盐、风、日灼等恶劣环境有较强抵抗能力；对土壤、地势、栽培条件的要求不严格；坚果优质；播种或嫁接繁殖，每年修剪可有助于产量提高。

花

枝叶

果实

植株

结果枝

冬台沟

Castanea mollissima Blume 'Dongtaigou'

调查编号：YINYLZY006

所属树种：板栗 *Castanea mollissima* Blume

提 供 人：张毅
电　　话：13905489680
住　　址：山东省泰安市岱岳区黄前镇李子峪村

调 查 人：尹燕雷
电　　话：0538-8334070
单　　位：山东省果树研究所

调查地点：山东省泰安市岱岳区黄前镇李子峪村

地理数据：GPS数据（海拔：515.5m，经度：E117°08'32"，纬度：N36°20'31"）

样本类型：种子（果实）、叶、枝条

生境信息

来源于当地，生长于旷野中的坡地，该土地为原始林，土壤质地为砂壤土。种植年限为400～500年，现存10000株。

植物学信息

1. 植株情况

乔木，树势强，树姿开张，树形圆锥形。树高22.3m，冠幅东西18.5m、南北12.6m；干高1.5m，干周240cm，主干褐色，皮丝状裂，枝条密度中等。

2. 植物学特征

1年生枝黄绿色，中等长，中等粗，节间平均长4.5cm，平均粗度为0.31cm；嫩梢上茸毛少，白色；皮目平；单叶叶长16.4cm、宽10.1cm，叶柄长0.84cm，单叶长卵圆形，叶色浓绿，叶尖急尖，叶缘粗锯齿；有中等长针刺；果实圆形或椭圆形，果皮绿色，栗苞易脱离。

3. 果实性状

坚果纵径2.75cm，横径3.0cm，侧径2.6cm，坚果重9.65g，有光泽，边果半圆形；壳面光滑，颜色中等；壳厚度0.16mm（以两颊中心处的壳厚为准）；平均核仁重9.4g，出仁率91%；核仁充实饱满，黄白色；核仁风味香甜；坚果淀粉含量34%，蛋白含量4%，涩皮难剥离。

4. 生物学习性

萌芽力强，发枝力强，新梢一年平均长42.3cm，生长势强。晚实，开始结果年龄为第7年，盛果期年龄8～15年；以长中果枝结果为主，果台副梢抽生及连续结果能力强，多在树冠外围结果；坐果力中等，生理落果少，采前落果多，产量中等，大小年显著，单株平均产量（盛果期）100kg。4月中旬萌芽，雄花盛开期为5月下旬，雌花盛开期为6月上中旬，雄花序凋落期为6月中旬，果实采收期为9月上中旬，落叶期为11月下旬。

品种评价

植株抗旱，耐贫瘠，对寒、旱、瘠、盐、风、日灼等恶劣环境有较强抵抗能力；坚果优质；主要病虫害种类为桃蛀螟、栗瘿蜂、板栗炭疽病；播种或嫁接繁殖，每年修剪可有助于产量提高。

花

枝叶

果实

植株

结果状

九龙窝 2

Castanea mollissima Blume 'Jiulongwo 2'

调查编号：YINYLZY007

所属树种：板栗 *Castanea mollissima* Blume

提 供 人：张毅
电　　话：13905489680
住　　址：山东省泰安市岱岳区黄前镇李子峪村

调 查 人：冯立娟
电　　话：0538-8334070
单　　位：山东省果树研究所

调查地点：山东省泰安市岱岳区黄前镇李子峪村

地理数据：GPS数据（海拔：469.1m，经度：E117°08'59"，纬度：N36°20'25"）

样本类型：种子（果实）、叶、枝条

生境信息

来源于当地，生长于旷野中的坡地，该土地为原始林，土壤质地为砂壤土。种植年限为200年，现存1000株。

植物学信息

1. 植株情况

乔木，树势强，树姿开张，树形圆锥形。树高24m，冠幅东西25.4m、南北20.2m；干高1.2m，干周290cm，主干褐色，皮丝状裂，枝条密度中等。

2. 植物学特征

1年生枝黄绿色，中等长，中等粗，节间平均长3.8cm，平均粗度为0.34cm；嫩梢上茸毛少，白色；皮目平；单叶叶长19.8cm、宽9.8cm，叶柄长0.92cm，单叶长卵圆形，叶色浓绿，叶尖急尖，叶缘粗锯齿；有中等长针刺；果实圆形或椭圆形，果皮绿色，栗苞易脱离。

3. 果实性状

坚果纵径2.65cm，横径2.9cm，侧径2.5cm，坚果重8.8g，有光泽，边果半圆形；壳面光滑，颜色中等；壳厚度0.16mm（以两颊中心处的壳厚为准）；平均核仁重8g，出仁率91%；核仁充实饱满，黄白色；核仁风味香甜；坚果淀粉含量34%，蛋白含量4%，涩皮难剥离。

4. 生物学习性

萌芽力强，发枝力强，新梢一年平均长42.3cm，生长势强。晚实，开始结果年龄为第7年，盛果期年龄8～15年；以长果枝结果为主，果台副梢抽生及连续结果能力强，多在树冠外围结果；坐果力中等，生理落果少，采前落果多，产量中等，大小年显著，单株平均产量（盛果期）100kg。4月中旬萌芽，雄花盛开期为5月下旬，雌花盛开期为6月上中旬，雄花序凋落期为6月中旬，果实采收期为9月上中旬，落叶期为11月下旬。

品种评价

植株抗旱，耐贫瘠，耐涝性差，对寒、旱、瘠、盐、风、日灼等恶劣环境有较强抵抗能力；对土壤、地势、栽培条件的要求不严格；坚果优质；主要病虫害种类为桃蛀螟、栗绛蚧、栗瘿蜂、板栗炭疽病、板栗皮疣枝枯病和缺素症等；播种或嫁接繁殖，每年修剪可有助于产量提高。

花

枝叶

植株

结果状

白池沟

Castanea mollissima Blume 'Baichigou'

调查编号：YINYLZY008

所属树种：板栗 *Castanea mollissima* Blume

提 供 人：张毅
电　　话：13905489680
住　　址：山东省泰安市岱岳区黄前镇李子峪村

调 查 人：尹燕雷
电　　话：0538-8334070
单　　位：山东省果树研究所

调查地点：山东省泰安市岱岳区黄前镇李子峪村

地理数据：GPS数据（海拔：476.4m，经度：E117°09'20"，纬度：N36°20'00"）

样本类型：种子（果实）、叶、枝条

生境信息

来源于当地，生长于旷野中的坡地，该土地为原始林，土壤质地为砂壤土。种植年限为200年，现存1000株。

植物学信息

1. 植株情况

乔木，树势强，树姿开张，树形圆锥形。树高20m，冠幅东西20.4m、南北15m；干高1.5m，干周310cm，主干褐色，皮丝状裂，枝条密度中等。

2. 植物学特征

1年生枝黄绿色，中等长，中等粗，节间平均长4.5cm，平均粗度为0.5cm；嫩梢上茸毛少，白色；皮目平；混合芽三角形；单叶叶长16.8cm、宽6.5cm，叶柄长2.3cm，单叶长卵圆形，叶色浓绿，叶尖急尖，叶缘粗锯齿；有中等长针刺；果实圆形或椭圆形，果皮绿色，栗苞易脱离。

3. 果实性状

坚果纵径2.8cm，横径3.1cm，侧径2.7cm，坚果重9.8g，有光泽，边果半圆形；壳面光滑，颜色中等；壳厚度0.16mm（以两颊中心处的壳厚为准）；平均核仁重9.4g，出仁率91%；核仁充实饱满，黄白色；核仁风味香甜；坚果淀粉含量34%，蛋白含量4%，涩皮难剥离。

4. 生物学习性

萌芽力强，发枝力强，新梢一年平均长42.3cm，生长势强。晚实，开始结果年龄为第7年，盛果期年龄8~15年；以长中果枝结果为主，果台副梢抽生及连续结果能力强，多在树冠外围结果；坐果力中等，生理落果少，采前落果多，产量中等，大小年显著，单株平均产量（盛果期）100kg。4月中旬萌芽，雄花盛开期为5月下旬，雌花盛开期为6月上中旬，雄花序凋落期为6月中旬，果实采收期为9月上中旬，落叶期为11月下旬。

品种评价

植株抗旱，耐贫瘠，耐涝性差，对寒、旱、瘠、盐、风、日灼等恶劣环境有较强抵抗能力；对土壤、地势、栽培条件的要求不严格；坚果优质；主要病虫害种类为桃蛀螟、栗绛蚧、栗瘿蜂、板栗炭疽病等；播种或嫁接繁殖。

植株

花

叶片

结果状

果实

薄苞栗

Castanea mollissima Blume 'Bobaoli'

调查编号： YINYLDMY107

所属树种： 板栗 *Castanea mollissima* Blume

提供人： 董孟迎
电　话： 15069020365
住　址： 山东省济南市长清区万德镇大马村

调查人： 尹燕雷、武冲
电　话： 0538-8334070
单　位： 山东省果树研究所

调查地点： 山东省济南市长清区万德镇大马村

地理数据： GPS数据（海拔：355.5m，经度：E117°02′30″，纬度：N36°23′36″）

样本类型： 种子（果实）、叶、枝条

生境信息

来源于当地，生长于旷野中的坡地，该土地为原始林，土壤质地为砂壤土。种植年限为40～50年，现存1000株。

植物学信息

1. 植株情况

乔木，树势强，树姿开张，树形圆锥形。树高10m，冠幅东西10.4m、南北8m；干高1.2m，干周110cm，主干褐色，皮丝状裂，枝条密度中等。

2. 植物学特征

1年生枝黄绿色，中等长，中等粗，节间平均长1～2cm，平均粗度为0.4cm；嫩梢上茸毛少，白色；皮目平；混合芽三角形；单叶叶长12～16cm、宽6～8cm，叶柄长0.5cm，单叶长卵圆形，叶色浓绿，叶尖急尖，叶缘粗锯齿；有中等长针刺；雄花序平均长5～10cm；果实圆形或椭圆形，果皮绿色，栗苞易脱离。

3. 果实性状

坚果纵径2.8cm，横径2.8～3.1cm，侧径2.6cm，坚果重9.5g，有光泽，边果半圆形；壳面光滑，颜色中等；壳厚度0.16mm（以两颊中心处的壳厚为准）；平均核仁重9g，出仁率90%；核仁充实饱满，黄白色；核仁风味香甜；坚果淀粉含量33%，蛋白含量4%，涩皮难剥离。

4. 生物学习性

萌芽力强，发枝力强，新梢一年平均长30～50cm，生长势强。晚实，开始结果年龄为第7年，盛果期年龄8～15年；以长中果枝结果为主，果台副梢抽生及连续结果能力强，多在树冠外围结果；坐果力中等，生理落果少，采前落果多，产量中等，大小年显著，单株平均产量（盛果期）100kg。4月中旬萌芽，雄花盛开期为5月下旬，雌花盛开期为6月上中旬，雄花序凋落期为6月中旬，果实采收期为9月上中旬，落叶期为11月下旬。

品种评价

植株抗旱，耐贫瘠，耐涝性差，对寒、旱、瘠、盐、风、日灼等恶劣环境有较强抵抗能力；对土壤、地势、栽培条件的要求不严格；坚果优质；栗苞薄，出籽率高，为重要的板栗品种；播种或嫁接繁殖，每年修剪可有助于产量提高。

植株

叶片

花

果实

黑又亮

Castanea mollissima Blume 'Heiyouliang'

- 调查编号：YINYLDMY108

- 所属树种：板栗 *Castanea mollissima* Blume

- 提 供 人：董孟迎
  电　　话：15069020365
  住　　址：山东省济南市长清区万德镇大马村

- 调 查 人：尹燕雷、武冲
  电　　话：0538-8334070
  单　　位：山东省果树研究所

- 调查地点：山东省济南市长清区万德镇大马村

- 地理数据：GPS数据（海拔：355.5m，经度：E117°02′30″，纬度：N36°23′36″）

- 样本类型：种子（果实）、叶、枝条

生境信息

来源于当地，生长于旷野中的坡地，该土地为原始林，土壤质地为砂壤土。种植年限为40～50年，现存1000株。

植物学信息

1. 植株情况

乔木，树势强，树姿开张，树形圆锥形。树高4.5m，冠幅东西5m、南北8m；干高1.2m，干周32cm，主干褐色，皮丝状裂，枝条密度中等。

2. 植物学特征

1年生枝黄绿色，中等长，中等粗，节间平均长1～2cm，平均粗度为0.4cm；嫩梢上茸毛少，白色；皮目平；混合芽三角形；单叶叶长12～16cm、宽6～8cm，叶柄长0.5cm，单叶长卵圆形，叶色浓绿，叶尖急尖，叶缘粗锯齿；有中等长针刺；雄花序平均长5～10cm，果实圆形或椭圆形，果皮绿色，栗苞易脱离。

3. 果实性状

坚果纵径2cm，横径2.2cm，侧径1.9cm，坚果重5.5g，有光泽，茸毛密，边果半圆形；壳面光滑，颜色中等；壳厚度0.16mm（以两颊中心处的壳厚为准）；平均核仁重4g，出仁率90%；核仁充实饱满，黄白色；核仁风味香甜；坚果淀粉含量33%，蛋白含量4%，涩皮难剥离。

4. 生物学习性

萌芽力强，发枝力强，新梢一年平均长30～50cm，生长势强。晚实，开始结果年龄为第7年，盛果期年龄9～16年；以长中果枝结果为主，果台副梢抽生及连续结果能力强，多在树冠外围结果；坐果力中等，生理落果少，采前落果多，产量中等，大小年显著，单株平均产量（盛果期）100kg。4月中旬萌芽，雄花盛开期为5月下旬，雌花盛开期为6月上中旬，雄花序凋落期为6月中旬，果实采收期为9月上中旬，落叶期为11月下旬。

品种评价

植株抗旱，耐贫瘠，耐涝性差，对寒、旱、瘠、盐、风、日灼等恶劣环境有较强抵抗能力；对土壤、地势、栽培条件的要求不严格；坚果优质；坚果小但风味好，适炒食；播种或嫁接繁殖，每年修剪可有助于产量提高。

植株

花

枝叶

果实

果实

大果栗

Castanea mollissima Blume 'Daguoli'

调查编号：YINYLDMY109

所属树种：板栗 *Castanea mollissima* Blume

提 供 人：董孟迎
电　　话：15069020365
住　　址：山东省济南市长清区万德镇大马村

调 查 人：尹燕雷、武冲
电　　话：0538-8334070
单　　位：山东省果树研究所

调查地点：山东省济南市长清区万德镇大马村

地理数据：GPS数据（海拔：355.5m，经度：E117°02'30"，纬度：N36°23'36"）

样本类型：种子（果实）、叶、枝条

生境信息

来源于当地，生长于旷野中的坡地，该土地为原始林，土壤质地为砂壤土。种植年限为40～50年，现存1000株。

植物学信息

1. 植株情况

乔木，树势强，树姿开张，树形圆头形。树高4.5m，冠幅东西5.5m、南北8m，干高1.2m，干周42cm，主干褐色，皮丝状裂，枝条密度中等。

2. 植物学特征

1年生枝黄绿色，中等长，中等粗，节间平均长1～2cm，平均粗度为0.4cm；嫩梢上茸毛少，白色；皮目中等大，少而平，呈椭圆形；多年生枝灰褐色；混合芽三角形，贴近副芽位置；单叶叶长12～16cm、宽6～8cm，叶柄长0.5cm，单叶长卵圆形，叶色浓绿，叶尖急尖，叶缘粗锯齿；有中等长针刺；雄花序长5～15cm；果实圆形或椭圆形，果皮绿色，栗苞易脱离。

3. 果实性状

坚果纵径3cm，横径3.3cm，侧径2.9cm，坚果重12.5g，有光泽，茸毛稀，边果半圆形，筋线不明显，底座大且不光滑；壳面光滑，颜色中等；壳厚度0.8mm（以两颗中心处的壳厚为准）；平均核仁重9g，出仁率90%；核仁充实饱满，黄白色；核仁风味香甜；坚果淀粉含量33%，蛋白含量4.2%，涩皮难剥离。

4. 生物学习性

萌芽力强，发枝力强，新梢一年平均长30～50cm，生长势强。晚实，开始结果年龄为第7年，盛果期年龄9～16年；以长中果枝结果为主，果台副梢抽生及连续结果能力强，多在树冠外围结果；坐果力中等，生理落果少，采前落果多，产量中等，大小年显著，单株平均产量（盛果期）30kg。4月中旬萌芽，雄花盛开期为5月下旬，雌花盛开期为6月上中旬，雄花序凋落期为6月中旬，果实采收期为9月上中旬，落叶期为10月下旬。

品种评价

植株抗旱，耐贫瘠，耐涝性差，对寒、旱、瘠、盐、风、日灼等恶劣环境有较强抵抗能力；对土壤、地势、栽培条件的要求不严格，坚果大而优质；播种或嫁接繁殖，每年修剪可有助于产量提高。

植株

花

叶片

果实

果实

红毛栗

Castanea mollissima Blume 'Hongmaoli'

调查编号：YINYLDMY110

所属树种：板栗 *Castanea mollissima* Blume

提 供 人：董孟迎
电　　话：15069020365
住　　址：山东省济南市长清区万德镇大马村

调 查 人：冯立娟、武冲
电　　话：0538-8334070
单　　位：山东省果树研究所

调查地点：山东省济南市长清区万德镇大马村

地理数据：GPS数据（海拔：355.5m，经度：E117°02'30"，纬度：N36°23'36"）

样本类型：种子（果实）、叶、枝条

生境信息

来源于当地，生长于旷野中的坡地，该土地为原始林，土壤质地为砂壤土。种植年限为40～50年，现存1000株。

植物学信息

1. 植株情况

乔木，树势强，树姿开张，树形圆锥形。树高4.5m，冠幅东西5m、南北7m；干高1m，干周35cm，主干褐色，皮丝状裂，枝条密度中等。

2. 植物学特征

1年生枝黄绿色，中等长，中等粗，节间平均长1～2cm，粗0.4cm，嫩梢上茸毛少，白色；皮目中等大，少而平，呈椭圆形；多年生枝灰褐色；混合芽三角形，贴近副芽位置；单叶叶长12～18cm、宽6～8cm，叶柄长0.5cm；单叶长卵圆形，叶色浓绿，叶尖急尖，叶缘粗锯齿；有短针刺；雄花序长5～10cm；果实圆形或椭圆形，果皮绿色，栗苞易脱离。

3. 果实性状

坚果纵径2.53cm，横径2.7cm，侧径1.7cm，坚果重7g，有光泽，茸毛稀，边果半圆形，筋线不明显，底座大且不光滑；壳面光滑，颜色中等；壳厚度0.68mm（以两颊中心处的壳厚为准）；平均核仁重6.45g，出仁率90%；核仁充实饱满，黄白色；核仁风味香甜；坚果淀粉含量33%，蛋白含量4.2%，涩皮难剥离。

4. 生物学习性

萌芽力强，发枝力强，新梢一年平均长30～50cm，生长势强。晚实，开始结果年龄为第7年，盛果期年龄9～16年；以长中果枝结果为主，果台副梢抽生及连续结果能力强，多在树冠外围结果；坐果力中等，生理落果少，采前落果多，产量中等，大小年显著，单株平均产量（盛果期）32.5kg。4月中旬萌芽，雄花盛开期为5月下旬，雌花盛开期为6月上中旬，雄花序凋落期为6月中旬，果实采收期为9月上中旬，落叶期为10月下旬。

品种评价

植株抗旱，耐贫瘠，对寒、旱、瘠、盐、风、日灼等恶劣环境有较强抵抗能力；对土壤、地势、栽培条件的要求不严格；播种或嫁接繁殖，每年修剪可有助于产量提高。

植株

花

叶片

结果状

果实

大马早熟栗

Castanea mollissima Blume 'Damazaoshuli'

调查编号： YINYLDMY111

所属树种： 板栗 *Castanea mollissima* Blume

提 供 人： 董孟迎
电　　话： 15069020365
住　　址： 山东省济南市长清区万德镇大马村

调 查 人： 尹燕雷、武冲
电　　话： 0538-8334070
单　　位： 山东省果树研究所

调查地点： 山东省济南市长清区万德镇大马村

地理数据： GPS数据（海拔：355.5m，经度：E117°02'30"，纬度：N36°23'36"）

样本类型： 种子（果实）、叶、枝条

生境信息

来源于当地，生长于旷野中的坡地，该土地为原始林，土壤质地为砂壤土。种植年限为40～50年，现存1000株。

植物学信息

1. 植株情况

乔木，树势强，树姿开张，树形圆锥形。树高4.5m，冠幅东西6m、南北5.5m；干高1.3m，干周39cm，主干褐色，皮丝状裂，枝条密度中等。

2. 植物学特征

1年生枝黄绿色，中等长，中等粗，节间平均长1～2cm，粗度0.52cm；嫩梢上茸毛少，白色；皮目平；多年生枝灰褐色；混合芽三角形，贴近副芽位置；单叶叶长12～16cm、宽6～8cm，叶柄长0.5cm；单叶长卵圆形，叶色浓绿，叶尖急尖，叶缘粗锯齿；有短针刺；雄花序长5～15cm，雄花芽多，雄花数量中等，柱头黄绿色；果实圆形或椭圆形，果皮绿色，栗苞易脱离。

3. 果实性状

坚果纵径2.9cm，横径2.9cm，侧径2cm，坚果重10g，有光泽，茸毛稀，边果半圆形，筋线不明显，底座大且不光滑；壳面光滑，颜色中等；壳厚度0.8mm（以两颗中心处的壳厚为准）；平均核仁重9g，出仁率90%；核仁充实饱满，黄白色；核仁风味香甜；坚果淀粉含量33%，蛋白含量4.2%，涩皮难剥离。

4. 生物学习性

萌芽力强，发枝力强，新梢一年平均长30～50cm，生长势强。晚实，开始结果年龄为第7年，盛果期年龄9～16年；以长中果枝结果为主，果台副梢抽生及连续结果能力强，多在树冠外围结果；坐果力中等，生理落果少，采前落果多，产量中等，大小年显著，单株平均产量（盛果期）30kg。4月中旬萌芽，雄花盛开期为5月下旬，雌花盛开期为6月上中旬，雄花序凋落期为6月中旬，果实采收期为9月上中旬，落叶期为10月下旬。

品种评价

植株抗旱，耐贫瘠，耐涝性差，对寒、旱、瘠、盐、风、日灼等恶劣环境有较强抵抗能力；对土壤、地势、栽培条件的要求不严格；坚果优质；播种或嫁接繁殖，每年修剪可有助于产量提高。

植株

花

叶片

果实

大马晚熟栗

Castanea mollissima Blume 'Damawanshuli'

调查编号：YINYLDMY112

所属树种：板栗 *Castanea mollissima* Blume

提 供 人：董孟迎
电　　话：15069020365
住　　址：山东省济南市长清区万德镇大马村

调 查 人：尹燕雷、武冲
电　　话：0538-8334070
单　　位：山东省果树研究所

调查地点：山东省济南市长清区万德镇大马村

地理数据：GPS数据（海拔：355.5m，经度：E117°02'30"，纬度：N36°23'36"）

样本类型：种子（果实）、叶、枝条

生境信息

来源于当地，生长于旷野中的坡地，该土地为原始林，土壤质地为砂壤土。种植年限为4年，现存1000株。

植物学信息

1. 植株情况

乔木，树势强，树姿开张，树形圆锥形。树高4.5m，冠幅东西5m、南北8m；干高2m，干周250cm，主干褐色，皮块状裂，枝条密度中等。

2. 植物学特征

1年生枝灰白色，中等长，中等粗，节间平均长1～2cm；嫩梢上茸毛少，白色；皮目平；多年生枝灰褐色；混合芽贴近副芽位置；单叶叶长12～16cm、宽6～8cm，叶柄长0.5cm；单叶长卵圆形，叶色浓绿，叶尖急尖，叶缘粗锯齿；有短针刺；雄花序长5～10cm，雄花芽中等多，雄花数量中等，柱头黄绿色；果实圆形或椭圆形，栗苞具中等密度的红色针刺，栗苞厚易脱离。

3. 果实性状

坚果扁圆形，纵径3.1cm，横径3.4cm，侧径2.53cm，坚果重12.5g，有光泽，茸毛稀，边果半圆形，筋线不明显，底座小且不光滑；壳面光滑，颜色中等；壳厚度0.8mm（以两颗中心处的壳厚为准）；平均核仁重9.2g，出仁率90%；核仁充实饱满，黄白色；核仁风味香甜；坚果淀粉含量33%，蛋白含量4.2%，涩皮难剥离。

4. 生物学习性

萌芽力强，发枝力强，新梢一年平均长30～50cm，生长势强。晚实，开始结果年龄为第5年，盛果期年龄7～20年；以长中果枝结果为主，果台副梢抽生及连续结果能力强，多在树冠外围结果；坐果力强，产量中等，大小年不显著。4月上旬萌芽，雄花盛开期为6月中旬，雌花盛开期为6月上旬，雄花序凋落期为6月下旬，果实采收期为9月中下旬，落叶期为10月下旬。

品种评价

植株抗旱，耐贫瘠，对寒、旱、瘠、盐、风、日灼等恶劣环境抵抗能力强；坚果优质，个大，晚熟，可食用；主要病虫害种类为红蜘蛛、栗瘤蜂、栗实象鼻虫、桃蛀螟、胴枯病和白粉病等；嫁接繁殖，修剪反应弱。

植株

花

叶片

果实

短枝油栗

Castanea mollissima Blume 'Duanzhiyouli'

调查编号：YINYLDMY113

所属树种：板栗 *Castanea mollissima* Blume

提 供 人：董孟迎
电　　话：15069020365
住　　址：山东省济南市长清区万德镇大马村

调 查 人：尹燕雷、杨雪梅
电　　话：0538-8334070
单　　位：山东省果树研究所

调查地点：山东省济南市长清区万德镇大马村

地理数据：GPS数据（海拔：355.5m，经度：E117°02′30″，纬度：N36°23′36″）

样本类型：种子（果实）、叶、枝条

生境信息

来源于当地，生长于旷野中的坡地，该土地为人工林，土壤质地为砂壤土。种植年限为8年，现存1000株。

植物学信息

1. 植株情况

乔木，树势强，树姿开张，树形圆锥形。树高4.5m，冠幅东西5m、南北8m；干高2m，干周250cm，主干褐色，皮块状裂，枝条密度中等。

2. 植物学特征

1年生枝灰白色，中等长，中等粗，节间平均长1～2cm；嫩梢上茸毛少，白色；皮目平；多年生枝灰褐色；混合芽贴近副芽位置；单叶叶长12～16cm、宽6～8cm，叶柄长0.5cm；单叶阔披针形，叶色浓绿，叶尖急尖，叶缘粗锯齿；有短针刺；雄花序长5～10cm，雄花芽中等多，雄花数量中等，柱头黄绿色；果实圆形或椭圆形，栗苞绿色，具中等密度的绿色针刺，果面具茸毛，栗苞中等厚易脱离。

3. 果实性状

坚果扁圆形，纵径2.25cm，横径2.7cm，侧径1.8cm，有光泽，茸毛稀，边果半圆形，筋线不明显，底座小且不光滑；壳面光滑，颜色中等；壳厚度1mm（以两颊中心处的壳厚为准）；平均核仁重9.2g，出仁率90%；核仁充实饱满，颜色深；涩皮易剥离。

4. 生物学习性

萌芽力强，发枝力强，新梢一年平均长30～50cm，生长势中等。晚实，开始结果年龄为第5年，盛果期年龄7～20年；以短果枝结果为主，多在树冠外围结果；坐果力强，产量中等，大小年不显著。4月中旬萌芽，雄花盛开期为6月中旬，雌花盛开期为6月上旬，雄花序凋落期为6月下旬，果实采收期为9月中下旬，落叶期为10月下旬。

品种评价

植株抗旱，耐贫瘠，对寒、旱、瘠、盐、风、日灼等恶劣环境抵抗能力强；对土壤、地势、栽培条件的要求不严格；坚果优质丰产，但坚果偏小，为重要的短枝品种；嫁接繁殖，修剪反应弱。

花

植株

枝叶

果实

果实

青毛软刺

Castanea mollissima Blume 'Qingmaoruanci'

调查编号：YINYLDMY114

所属树种：板栗 *Castanea mollissima* Blume

提 供 人：董孟迎
电　　话：15069020365
住　　址：山东省济南市长清区万德镇大马村

调 查 人：尹燕雷、杨雪梅
电　　话：0538-8334070
单　　位：山东省果树研究所

调查地点：山东省济南市长清区万德镇大马村

地理数据：GPS数据（海拔：355.5m，经度：E117°02'30"，纬度：N36°23'36"）

样本类型：种子（果实）、叶、枝条

生境信息

来源于当地，生长于旷野中的坡地，该土地为人工林，土壤质地为砂壤土。种植年限为8年，现存1000株。

植物学信息

1. 植株情况

乔木，树势强，树姿开张，树形圆锥形。树高4.5m，冠幅东西5m、南北8m；干高2m，干周250cm，主干褐色，皮块状裂，枝条密度中等。

2. 植物学特征

1年生枝灰白色，中等长，中等粗，节间平均长1~2cm；嫩梢上茸毛少，白色；皮目平；多年生枝灰褐色；混合芽贴近副芽位置；单叶叶长12~16cm、宽6~8cm，叶柄长0.5cm；单叶阔披针形，叶色绿，叶尖急尖，叶缘粗锯齿；有短针刺；雄花序长5~10cm，雄花芽中等多，雄花数量中等，柱头黄绿色；果实圆形或椭圆形，栗苞淡绿色，具中等密度的淡绿色针刺，针刺柔软；果面无茸毛，栗苞厚易脱离。

3. 果实性状

坚果扁圆形，纵径2.8cm，横径3.0cm，侧径2.6cm，坚果重12g，有光泽，茸毛稀，边果半圆形，筋线不明显，底座小且不光滑；壳面光滑，颜色中等，缝合线平且紧密；壳厚度1mm（以两颊中心处的壳厚为准）；平均核仁重9.2g，出仁率90%；核仁充实饱满，黄白色；核仁风味香甜；涩皮难剥离。

4. 生物学习性

萌芽力强，发枝力强，新梢一年平均长30~50cm，生长势中等。晚实，开始结果年龄为第5年，盛果期年龄7~20年；以短果枝结果为主，果台副梢抽生及连续结果能力强，多在树冠外围结果；坐果力强，丰产性好，大小年不显著。4月上旬萌芽，雄花盛开期为6月中旬，雌花盛开期为6月上旬，雄花序凋落期为6月下旬，果实采收期为9月中下旬，落叶期为10月下旬。

品种评价

植株抗旱，耐贫瘠，对寒、旱、瘠、盐、风、日灼等恶劣环境抵抗能力强；栗苞针刺柔软，可作为重要育种材料；对土壤、地势、栽培条件的要求不严格；嫁接繁殖，修剪反应弱。

植株

花

枝叶

果实

果实

万德 1 号

Castanea mollissima Blume 'Wande 1'

调查编号： YINYLDMY115

所属树种： 板栗 *Castanea mollissima* Blume

提 供 人： 董孟迎
电　　话： 15069020365
住　　址： 山东省济南市长清区万德镇大马村

调 查 人： 尹燕雷、杨雪梅
电　　话： 0538-8334070
单　　位： 山东省果树研究所

调查地点： 山东省济南市长清区万德镇大马村

地理数据： GPS数据（海拔：355.5m，经度：E117°02'30"，纬度：N36°23'36"）

样本类型： 种子（果实）、叶、枝条

生境信息

来源于当地，生长于旷野中的坡地，该土地为人工林，土壤质地为砂壤土。种植年限为8年，现存1000株。

植物学信息

1. 植株情况

乔木，树势强，树姿开张，树形圆锥形。树高4.5m，冠幅东西5m、南北8m；干高2m，干周250cm，主干褐色，皮块状裂，枝条密度中等。

2. 植物学特征

1年生枝灰白色，中等长，中等粗，节间平均长1~2cm；嫩梢上茸毛少，白色；皮目平；多年生枝灰褐色；混合芽贴近副芽位置；单叶叶长12~16cm、宽6~8cm，叶柄长0.5cm；单叶阔披针形，叶色绿，叶尖急尖，叶缘粗锯齿；有短针刺；雄花序长5~10cm，雄花芽中等多，雄花数量中等，柱头黄绿色；果实圆形或椭圆形，栗苞淡绿色，具中等密度的淡绿色针刺，针刺柔软；果面无茸毛，栗苞厚易脱离。

3. 果实性状

有光泽，茸毛稀，边果半圆形，筋线不明显，底座小且不光滑；壳面光滑，颜色中等，缝合线平且紧密；壳厚度0.8mm（以两颊中心处的壳厚为准）；核仁充实饱满，黄白色；核仁风味香甜；涩皮易剥离。

4. 生物学习性

萌芽力强，发枝力强，新梢一年平均长30~50cm，生长势中等。晚实，开始结果年龄为第5年，盛果期年龄7~20年；以短果枝结果为主，果台副梢抽生及连续结果能力强，多在树冠外围结果；坐果力强，丰产性好，大小年不显著。4月上旬萌芽，雄花盛开期为6月中旬，雌花盛开期为6月上旬，雄花序凋落期为6月下旬，果实采收期为9月中下旬，落叶期为10月下旬。

品种评价

植株短枝型，抗旱，耐贫瘠，对寒、旱、瘠、盐、风、日灼等恶劣环境抵抗能力强；对土壤、地势、栽培条件的要求不严格；坚果优质高产，食用品质极佳；主要病虫害种类为红蜘蛛、栗瘤蜂、栗实象鼻虫、桃蛀螟、胴枯病和白粉病等。

植株

花

毛叶

果实

果实

油栗子

Castanea mollissima Blume 'Youlizi'

- 调查编号：YUANZHSQB064

- 所属树种：板栗 *Castanea mollissima* Blume

- 提 供 人：张顺友
  电　　话：15375630328
  住　　址：安徽省宁国市梅林镇沙埠村

- 调 查 人：俞飞飞
  电　　话：0551-65160952
  单　　位：安徽省农业科学院园艺研究所

- 调查地点：安徽省宁国市梅林镇沙埠村

- 地理数据：GPS数据（海拔：94m，经度：E119°03'53"，纬度：N30°35'05"）

- 样本类型：种子（果实）、叶、枝条

生境信息

来源于当地，生长于旷野中的坡地，该土地为人工林，土壤质地为砂壤土。种植年限为10年，现存2000株。

植物学信息

1. 植株情况

乔木，树势中等，树姿半开张，树形圆头形。树高6m，冠幅东西4.8m、南北5m；干高0.7m，干周60cm，主干灰色，皮光滑不裂，枝条密度中等。

2. 植物学特征

1年生枝黄绿色，中等长而细，节间平均长21cm，平均粗0.4cm；嫩梢上茸毛中等，白色；皮目中等多，大而凸，椭圆形；多年生枝灰褐色；混合芽三角形，与副芽位置贴近；复叶柄长1cm，小叶长18.5cm、宽3cm、厚1.15mm；小叶长卵圆形，叶色浓绿，叶尖急尖，叶缘粗锯齿；无针刺；雄花序平均长19cm，雄花芽多，雄花数多，柱头黄绿色；果实圆形或椭圆形，果皮绿色。

3. 果实性状

坚果椭圆形，纵径3.8cm，横径3.5cm，侧径2.7cm，坚果重11.5g，有光泽，茸毛稀；边果半圆形，筋线明显，底座不光滑；壳面光滑，颜色中等深；壳厚度0.15mm（以两颊中心处的壳厚为准）；平均核仁重6.2g；核仁充实饱满，黄白色；核仁风味香甜；坚果淀粉含量49.4%，蛋白含量6%，涩皮难剥离。

4. 生物学习性

萌芽力强，发枝力强，新梢一年平均长21cm，生长势强。晚实，开始结果年龄为8年，盛果期年龄8~15年；以长中果枝结果为主，果台副梢抽生及连续结果能力强，全树结果；坐果力中等，生理落果少，采前落果少，产量中等，大小年不显著，单株平均产量（盛果期）17.5kg。4月中旬萌芽，雄花盛开期为5月下旬，雌花盛开期为5月下旬，雄花序凋落期为6月中旬，果实采收期为9月上中旬，落叶期为11月下旬。

品种评价

植株抗旱，耐贫瘠，对寒、旱、瘠、盐、风、日灼等恶劣环境有较强抵抗能力；坚果优质，风味好较耐贮藏，宜作炒食，偏早熟；主要病虫害种类为栗实象鼻虫、栗瘿蜂等；播种或嫁接繁殖。

生境

叶片

雌花

雄花

植株

果实

宁国大红袍

Castanea mollissima Blume
'Ningguodahongpao'

调查编号：YUANZHSQB065

所属树种：板栗 *Castanea mollissima* Blume

提 供 人：张顺友
电　　话：15375630328
住　　址：安徽省宁国市梅林镇沙埠村

调 查 人：俞飞飞
电　　话：0551-65160952
单　　位：安徽省农业科学院园艺研究所

调查地点：安徽省宁国市梅林镇沙埠村

地理数据：GPS数据（海拔：97m，经度：E119°03'53"，纬度：N30°35'05"）

样本类型：种子（果实）、叶、枝条

生境信息

来源于当地，最大树龄40年，生长于旷野中的坡地，该土地为人工林，土壤质地为砂壤土。种植年限为40年，现存200株。

植物学信息

1. 植株情况

乔木，树势强，树姿开张，树形圆头形。树高8m，冠幅东西6.6m、南北6.4m；干高0.9m，干周65cm，主干灰色，皮光滑不裂，枝条密。

2. 植物学特征

1年生枝黄绿色，长而细，节间平均长5.1cm，平均粗0.38cm；嫩梢上茸毛少，白色；皮目少，中等大而凸，椭圆形；多年生枝灰褐色；混合芽长圆形，与副芽位置间距；复叶长19cm，复叶柄长1.8cm，小叶宽8.6cm、厚0.36mm；小叶长卵圆形，叶色浓绿，叶尖急尖，叶缘粗锯齿；无针刺；雄花序平均长16cm，雄花芽多，雄花数多，柱头淡黄色；果实椭圆形，果皮绿色。

3. 果实性状

坚果椭圆形，纵径4.5cm，横径3.8cm，侧径4.1cm，坚果重15g，有光泽，茸毛稀；边果半圆形，筋线明显，底座大而不光滑；壳面光滑，颜色中等深；壳厚度0.15mm（以两颗中心处的壳厚为准）；平均核仁重6.2g；核仁充实饱满，黄白色；核仁风味香甜；坚果淀粉含量53.6%，蛋白含量6.5%，涩皮难剥离。

4. 生物学习性

萌芽力强，发枝力强，新梢一年平均长22cm，生长势强。晚实，开始结果年龄为6年，盛果期年龄15年；以长中果枝结果为主，果台副梢抽生及连续结果能力较强，全树结果；坐果力中等，生理落果中等，采前落果少，丰产，大小年不显著，单株平均产量（盛果期）17.5kg。4月中旬萌芽，雄花盛开期为5月下旬，雌花盛开期为5月下旬，雄花序凋落期为6月中旬，果实采收期为9月下旬，落叶期为10月下旬。

品种评价

植株抗旱，耐贫瘠，对寒、旱、瘠、盐、风、日灼等恶劣环境有较强抵抗能力；对土壤、地势、栽培条件的要求不严格；坚果高产优质，耐贮藏；空苞率高，丛果性好；主要病虫害种类为桃蛀螟等；嫁接繁殖。

植株

雌花

雄花

枝叶

果实

乌栗子

Castanea mollissima Blume 'Wulizi'

○ 调查编号：YUANZHSQB066

○ 所属树种：板栗 *Castanea mollissima* Blume

○ 提供人：张顺友
　 电　话：15375630328
　 住　址：安徽省宁国市梅林镇沙埠村

○ 调查人：俞飞飞
　 电　话：0551-65160952
　 单　位：安徽省农业科学院园艺研究所

○ 调查地点：安徽省宁国市梅林镇沙埠村

○ 地理数据：GPS数据（海拔：96m，经度：E119°03'53"，纬度：N30°35'05"）

○ 样本类型：种子（果实）、叶、枝条

生境信息

来源于当地，最大树龄10年，生长于旷野中的坡地，该土地为人工林，土壤质地为砂壤土。种植年限为10年，现存200株。

植物学信息

1. 植株情况

乔木，树势中等，树姿半开张，树形圆头形。树高6m，冠幅东西5.8m、南北6.8m；干高1.1m，干周65cm，主干灰色，皮光丝状裂，枝条中等密。

2. 植物学特征

1年生枝黄绿色，短而细，节间平均长5.5cm，平均粗0.3cm；嫩梢上茸毛中等，白色；皮目数量中等，小而凸，椭圆形；多年生枝灰褐色；混合芽长圆形，与副芽位置贴近；复叶柄长1.2cm，小叶长23cm、宽9cm、厚0.4mm；小叶长卵圆形，叶色浓绿，叶尖急尖，叶缘粗锯齿；无针刺；雄花序平均长20cm，雄花芽多，雄花数多，柱头淡黄色；果实椭圆形，果皮绿色。

3. 果实性状

坚果扁圆形，纵径3.8cm，横径3.5cm，侧径3.0cm，坚果重12.2g，有光泽，茸毛稀；边果半圆形，筋线明显，底座小而不光滑；壳面光滑，颜色中等深；壳厚度0.17mm（以两颗中心处的壳厚为准）；平均核仁重7.3g；核仁充实饱满，颜色浅黄色；核仁风味香甜；坚果淀粉含量47%，蛋白含量5.5%，涩皮难剥离。

4. 生物学习性

萌芽力强，发枝力强，新梢一年平均长18cm，生长势强。晚实，开始结果年龄为8年，盛果期年龄15年；以长中果枝结果为主，果台副梢抽生及连续结果能力较强，全树结果；坐果力中等，生理落果少，采前落果少，产量中等，大小年不显著，单株平均产量（盛果期）15kg。4月中旬萌芽，雄花盛开期为5月下旬，雌花盛开期为5月下旬，雄花序凋落期为6月中旬，果实采收期为9月中旬，落叶期为10月下旬。

品种评价

植株抗旱，耐贫瘠，对寒、旱、瘠、盐、风、日灼等恶劣环境有较强抵抗能力；对土壤、地势、栽培条件的要求不严格；坚果丛果性好；主要病虫害种类为桃蛀螟、栗瘿蜂、栗实象鼻虫等；嫁接繁殖，每年修剪可有助于产量提高。

叶片

雌花

雄花

植株

结果状

九月寒

Castanea mollissima Blume 'Jiuyuehan'

调查编号：YUANZHSQB067

所属树种：板栗 *Castanea mollissima* Blume

提 供 人：张顺友
电　　话：15375630328
住　　址：安徽省宁国市梅林镇沙埠村

调 查 人：俞飞飞
电　　话：0551-65160952
单　　位：安徽省农业科学院园艺研究所

调查地点：安徽省宁国市梅林镇沙埠村

地理数据：GPS数据（海拔：96m，经度：E119°03'53"，纬度：N30°35'03"）

样本类型：种子（果实）、叶、枝条

生境信息

来源于当地，最大树龄11年，生长于旷野中的坡地，该土地为人工林，土壤质地为砂壤土。种植年限为11年，现存2000株。

植物学信息

1. 植株情况

乔木，树势强，树姿开张，树形半圆形。树高4.5m，冠幅东西5.4m、南北4.2m；干高0.8m，干周55cm，主干灰色，皮光块状裂，枝条中等密。

2. 植物学特征

1年生枝黄绿色，枝条长，中等粗，节间平均长1.3cm，平均粗0.38cm；嫩梢上茸毛中等，白色；皮目少，中等大而凸，近圆形；多年生枝灰褐色；混合芽长圆形，与副芽位置间距；复叶柄长1.4cm，小叶长17cm、宽6.7cm、厚1.26mm；小叶长卵圆形，叶色浓绿，叶尖急尖，叶缘粗锯齿；无针刺；雄花序平均长12cm，雄花芽多，雄花数多，柱头淡黄色；果实椭圆形，果皮黄绿色。

3. 果实性状

坚果扁圆形，纵径3.5cm，横径3.1cm，侧径2.6cm，坚果重10.5g，有光泽，茸毛稀；边果半圆形，筋线明显，底座大而不光滑；壳面光滑，颜色中等深；平均核仁重6.6g；核仁充实饱满，黄白色；核仁风味香甜；坚果淀粉含量56.8%，蛋白含量5.5%，涩皮难剥离。

4. 生物学习性

萌芽力强，发枝力强，新梢一年平均长13cm，生长势强。晚实，开始结果年龄为8年，盛果期年龄15年；以长中果枝结果为主，果台副梢抽生及连续结果能力较强，树冠上部结果；坐果力中等，生理落果少，采前落果少，丰产，大小年不显著，单株平均产量（盛果期）22.5kg。4月中旬萌芽，雄花盛开期为5月下旬，雌花盛开期为5月下旬，雄花序凋落期为6月中旬，果实采收期为10月上旬，落叶期为11月下旬。

品种评价

植株抗病性好，对寒、旱、瘠、盐、风、日灼等恶劣环境有较强抵抗能力；对土壤、地势、栽培条件的要求不严格；嫁接繁殖，每年修剪可有助于产量提高。

生境

植株

枝叶

果实

雌花

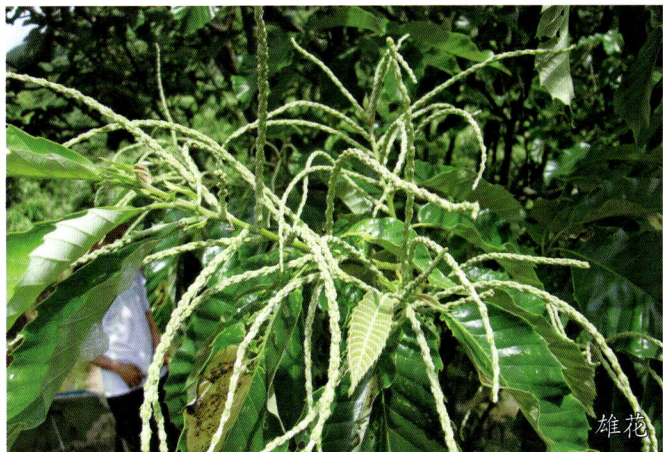

雄花

软刺早

Castanea mollissima Blume 'Ruancizao'

调查编号：YUANZHSQB068

所属树种：板栗 *Castanea mollissima* Blume

提供人：张顺友
电　话：15375630328
住　址：安徽省宁国市梅林镇沙埠村

调查人：俞飞飞
电　话：0551-65160952
单　位：安徽省农业科学院园艺研究所

调查地点：安徽省宁国市梅林镇沙埠村

地理数据：GPS数据（海拔：124m，经度：E119°03'54"，纬度：N30°35'03"）

样本类型：种子（果实）、叶、枝条

生境信息

来源于当地，生长于旷野中的坡地，该土地为人工林，土壤质地为砂壤土。种植年限为20年，现存50株。

植物学信息

1. 植株情况

乔木，树势强，树姿开张，树形圆头形。树高6.5m，冠幅东西7.4m、南北6.4m；干高1m，干周70cm，主干灰色，皮丝状裂，枝条中等密。

2. 植物学特征

1年生枝黄绿色，中等长，中等粗，节间平均长1.7cm，平均粗0.5cm；嫩梢上茸毛中等，白色；皮目少，中等大而凸，椭圆形；多年生枝灰褐色；混合芽长圆形，与副芽位置间距；复叶柄长1.7cm，小叶长19.5cm、宽7cm、厚0.63mm；小叶长卵圆形，叶色浓绿，叶尖急尖，叶缘粗锯齿；无针刺；雄花序平均长18cm，雄花芽多，雄花数多，柱头淡黄色；果实椭圆形，果皮绿色。

3. 果实性状

坚果椭圆形，纵径3.6cm，横径3.2cm，侧径2.8cm，坚果重7.24g，有光泽，茸毛稀；边果半圆形，筋线明显，底座小而不光滑；壳面光滑，颜色中等深；平均核仁重5.4g；核仁充实饱满，黄白色；核仁风味香甜；坚果淀粉含量47.2%，蛋白含量5.1%，涩皮难剥离。

4. 生物学习性

萌芽力强，发枝力强，新梢一年平均长27cm，生长势中等。晚实，开始结果年龄为7年，盛果期年龄15年；以长中果枝结果为主，果台副梢抽生及连续结果能力较强，全树结果；坐果力强，生理落果中等，采前落果少，丰产，大小年不显著，单株平均产量（盛果期）12.5kg。4月中旬萌芽，雄花盛开期为5月下旬，雌花盛开期为5月下旬，雄花序凋落期为6月中旬，果实采收期为9月中旬，落叶期为10月下旬。

品种评价

植株耐贫瘠，对寒、旱、瘠、盐、风、日灼等恶劣环境有抵抗能力中等；对土壤、地势、栽培条件的要求不严格；抗旱差、抗介壳虫差、抗病性好；坚果高产优质；嫁接繁殖，每年修剪可有助于产量提高。球果刺束长，软而细，嫁接树结果早，早期丰产好，树体矮小适于密植。

生境

植株

枝叶

果实

雌花

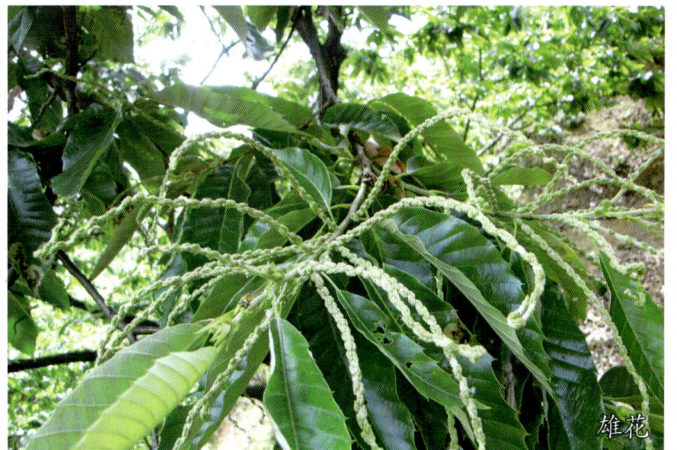

雄花

宁国黄栗蒲

Castanea mollissima Blume
'Ningguohuanglipu'

調查編号：　YUANZHSQB069

所属树种：　板栗 *Castanea mollissima* Blume

提 供 人：　张顺友
电　　话：　15375630328
住　　址：　安徽省宁国市梅林镇沙埠村

调 查 人：　俞飞飞
电　　话：　0551-65160952
单　　位：　安徽省农业科学院园艺研究所

调查地点：　安徽省宁国市梅林镇沙埠村

地理数据：　GPS数据（海拔：86m，经度：E119°03'53"，纬度：N30°35'13"）

样本类型：　种子（果实）、叶、枝条

生境信息

来源于当地，生长于旷野中的坡地，该土地为人工林，土壤质地为砂壤土。种植年限为15年，现存300株。

植物学信息

1. 植株情况

乔木，树势强，树姿开张，树形圆头形。树高6m，冠幅东西5.4m、南北4.4m；干高0.7m，干周90cm，主干灰色，皮光滑不裂，枝条密。

2. 植物学特征

1年生枝绿色，长而细，节间平均长2.2cm，平均粗0.2cm；嫩梢上茸毛中等，白色；皮目少，中等大而凸，椭圆形；多年生枝褐色；混合芽长圆形，与副芽位置贴近；复叶柄长0.65cm，小叶长18.5cm、宽7.5cm、厚0.1mm；小叶长卵圆形，叶色浓绿，叶尖急尖，叶缘粗锯齿；无针刺；雄花序平均长18cm，雄花芽多，雄花数多，柱头黄绿色；果实椭圆形，果皮黄绿色。

3. 果实性状

坚果椭圆形，纵径4.1cm，横径3.7cm，侧径2.3cm，有光泽，茸毛稀；边果半圆形，筋线明显，底座大而不光滑；壳面光滑，颜色中等深；平均核仁重7.7g；核仁充实饱满，黄白色；核仁风味香甜；坚果淀粉含量54.2%，蛋白含量6.8%，涩皮易剥离。

4. 生物学习性

萌芽力强，发枝力强，新梢一年平均长25cm，生长势强。晚实，开始结果年龄为5年；以长中果枝结果为主，果台副梢抽生及连续结果能力较强，全树结果；坐果力强，生理落果少，采前落果少，丰产，大小年不显著，单株平均产量（盛果期）15kg。4月中旬萌芽，雄花盛开期为5月下旬，雌花盛开期为5月下旬，雄花序凋落期为6月中旬，果实采收期为9月中下旬，落叶期为10月下旬。

品种评价

植株抗旱，耐贫瘠，对寒、旱、瘠、盐、风、日灼等恶劣环境有较强抵抗能力；对土壤、地势、栽培条件的要求不严格；坚果高产优质；主要病虫害种类为栗瘿蜂、栗链蚧等；嫁接繁殖，每年修剪可有助于产量提高。风味及耐贮性差，果实霉烂率高，但苞大壳薄，出籽率高，产量高、稳定。

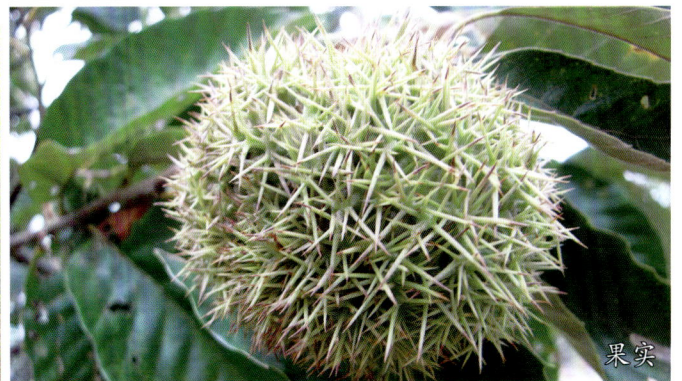

生境

叶片

雌花

雄花

植株

果实

梅林 1 号

Castanea mollissima Blume 'Meilin 1'

- 调查编号：YUANZHSQB070

- 所属树种：板栗 *Castanea mollissima* Blume

- 提 供 人：张顺友
  电　　话：15375630328
  住　　址：安徽省宁国市梅林镇沙埠村

- 调 查 人：俞飞飞
  电　　话：0551-65160952
  单　　位：安徽省农业科学院园艺研究所

- 调查地点：安徽省宁国市梅林镇沙埠村

- 地理数据：GPS数据（海拔：112m，经度：E119°03'56"，纬度：N30°35'11"）

- 样本类型：种子（果实）、叶、枝条

生境信息

来源于当地，生长于旷野中的坡地，该土地为人工林，土壤质地为砂壤土。种植年限为15年，现存15株。

植物学信息

1. 植株情况

乔木，树势强，树姿开张，树形圆头形。树高3m，冠幅东西4.8m、南北6.4m；干高0.8m，干周45cm，主干灰色，皮光丝状裂，枝条密。

2. 植物学特征

1年生枝绿色，长而中等粗，节间平均长1.8cm，平均粗0.4cm；嫩梢上茸毛中等，白色；皮目多，小而凸，椭圆形；多年生枝灰褐色；混合芽长圆形，与副芽位置贴近；复叶柄长1.3cm，小叶长16cm、宽5.5cm、厚0.35mm；小叶长卵圆形，叶色浓绿，叶尖急尖，叶缘粗锯齿；无针刺；雄花序平均长11cm，雄花芽多，雄花数多，柱头淡黄色；果实椭圆形，果皮绿色。

3. 果实性状

坚果扁圆形，纵径2.7cm，横径2.5cm，侧径2.2cm，坚果重6g，有光泽，茸毛稀；边果半圆形，筋线明显，小而不光滑；壳面光滑，颜色中等深；平均核仁重3.4g；核仁充实饱满，黄白色；核仁风味香甜；坚果淀粉含量45%，蛋白含量5.8%，涩皮难剥离。

4. 生物学习性

萌芽力强，发枝力强，新梢一年平均长18cm，生长势强。晚实，开始结果年龄为8年，盛果期年龄20年；以长中果枝结果为主，果台副梢抽生及连续结果能力较强，全树结果；坐果力中等，生理落果少，采前落果少，产量中等，大小年不显著，单株平均产量（盛果期）12.5kg。4月中旬萌芽，雄花盛开期为5月下旬，雌花盛开期为5月下旬，雄花序凋落期为6月中旬，果实采收期为9月中旬，落叶期为10月下旬。

品种评价

植株抗旱，耐贫瘠，对寒、旱、瘠、盐、风、日灼等恶劣环境有抵抗能力中等；对土壤、地势、栽培条件的要求不严格；抗病性好；坚果高产优质；主要病虫害种类为桃蛀螟、栗瘿蜂等；嫁接繁殖，每年修剪可有助于产量提高。

植株

植株

雌花

雄花

叶片

果实

梅林 2 号

Castanea mollissima Blume 'Meilin 2'

- 调查编号：YUANZHSQB071
- 所属树种：板栗 *Castanea mollissima* Blume
- 提 供 人：张顺友
  电　　话：15375630328
  住　　址：安徽省宁国市梅林镇沙埠村
- 调 查 人：俞飞飞
  电　　话：0551-65160952
  单　　位：安徽省农业科学院园艺研究所
- 调查地点：安徽省宁国市梅林镇沙埠村
- 地理数据：GPS数据（海拔：109m，经度：E119°03'52"，纬度：N30°35'10"）
- 样本类型：种子（果实）、叶、枝条

生境信息

来源于当地，生长于旷野中的坡地，该土地为人工林，土壤质地为砂壤土。种植年限为25年，现存10株。

植物学信息

1. 植株情况

乔木，树势强，树姿半开张，树形半圆形。树高9m，冠幅东西8.6m、南北9.4m；干高1.8m，干周80cm，主干褐色，皮块状裂，枝条密。

2. 植物学特征

1年生枝绿色，枝条短，中等粗，节间平均长2.1cm，平均粗0.4cm；嫩梢上茸毛中等，白色；皮目数量中等，小而凸，椭圆形；多年生枝灰褐色；混合芽三角形，与副芽位置贴近；复叶柄长1.2cm，小叶长17cm、宽9cm、厚0.27mm；小叶长卵圆形，叶色浓绿，叶尖急尖，叶缘粗锯齿；无针刺；雄花序平均长16cm，雄花芽多，雄花数多，柱头淡黄色；果实椭圆形，果皮绿色。

3. 果实性状

坚果椭圆形，纵径3.3cm，横径3.5cm，侧径2.8cm，坚果重12.7g，有光泽，茸毛稀；边果半圆形，筋线明显，底座大而不光滑；壳面光滑，颜色中等深；平均核仁重8.2g；核仁充实饱满，黄白色；核仁风味香甜；坚果淀粉含量55%，蛋白含量6.7%，涩皮难剥离。

4. 生物学习性

萌芽力强，发枝力强，新梢一年平均长20cm，生长势强。晚实，开始结果年龄为7年，盛果期年龄15年；以长中果枝结果为主，果台副梢抽生及连续结果能力较强，全树结果；坐果力强，生理落果少，采前落果少，丰产，大小年不显著，单株平均产量（盛果期）22.5kg。4月中旬萌芽，雄花盛开期为5月下旬，雌花盛开期为5月下旬，雄花序凋落期为6月中旬，果实采收期为9月下旬，落叶期为10月下旬。

品种评价

植株抗病虫能力好，对寒、旱、瘠、盐、风、日灼等恶劣环境有抵抗能力中等；对土壤、地势、栽培条件的要求不严格；坚果高产优质；嫁接繁殖，每年修剪可有助于产量提高。

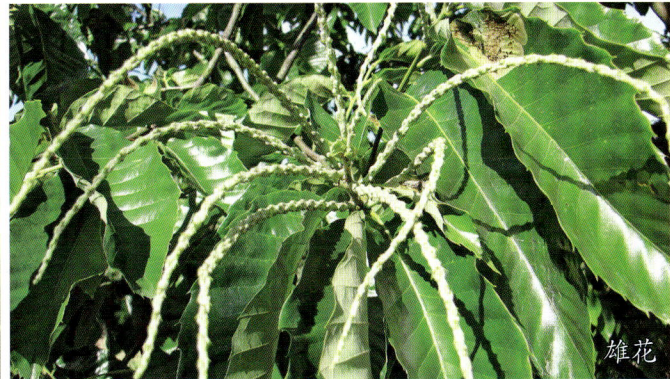

植株

生境

雌花

枝叶

雄花

果实

处暑红

Castanea mollissima Blume 'Chushuhong'

调查编号：YUANZHSQB073

所属树种：板栗 *Castanea mollissima* Blume

提 供 人：周建业
电　　话：13905634746
住　　址：安徽省宣城市鳌峰西路46号

调 查 人：俞飞飞
电　　话：0551-65160952
单　　位：安徽省农业科学院园艺研究所

调查地点：安徽省宣城市宣州区敬亭山茶场

地理数据：GPS数据（海拔：104m，经度：E118°41'55"，纬度：N30°58'28"）

样本类型：种子（果实）、叶、枝条

生境信息

来源于当地，生长于旷野中的坡地，该土地为人工林，土壤质地为砂壤土。种植年限为40年，现存40株。

植物学信息

1. 植株情况

乔木，树势中等，树姿开张，树形半圆形。树高9m，冠幅东西7.8m、南北8.8m；干高1.2m，干周90cm，主干灰色，皮块状裂，枝条中等密。

2. 植物学特征

1年生枝绿色，短而细，节间平均长2.3cm，平均粗0.3cm；嫩梢上茸毛中等，白色；皮目少，中等大而凸，椭圆形；多年生枝灰褐色；混合芽长圆形，与副芽位置贴近；复叶柄长1.5cm，小叶长20cm、宽9cm、厚0.48mm；小叶长卵圆形，叶色浓绿，叶尖急尖，叶缘粗锯齿；有短针刺；雄花序平均长20cm，雄花芽多，雄花数多，柱头淡黄色；果实椭圆形，果皮绿色。

3. 果实性状

坚果圆形，纵径4.3cm，横径3.2cm，侧径3.1cm，坚果重10.2g，有光泽，茸毛稀；边果半圆形，筋线明显，底座大而不光滑；壳面光滑，颜色中等深；壳厚度0.15mm（以两颊中心处的壳厚为准）；平均核仁重6.9g；核仁充实饱满，黄白色；核仁风味香甜；坚果淀粉含量46%，蛋白含量6.7%，涩皮难剥离。

4. 生物学习性

萌芽力强，发枝力强，新梢一年平均长27cm，生长势中等。晚实，开始结果年龄为7年，盛果期年龄15年；以长中果枝结果为主，果台副梢抽生及连续结果能力较强，全树结果；坐果力强，生理落果少，采前落果少，丰产，大小年不显著，单株平均产量（盛果期）22.5kg。4月中旬萌芽，雄花盛开期为5月下旬，雌花盛开期为5月下旬，雄花序凋落期为6月中旬，果实采收期为9月上中旬，落叶期为11月下旬。

品种评价

植株对寒、旱、瘠、盐、风、日灼等恶劣环境有抵抗能力中等；对土壤、地势、栽培条件的要求不严格；坚果高产，质地偏粳，对桃蛀螟和象鼻虫抗性差，采收时好果率不高，不耐贮藏，成熟早；花期较早，花量大，是良好的授粉品种。

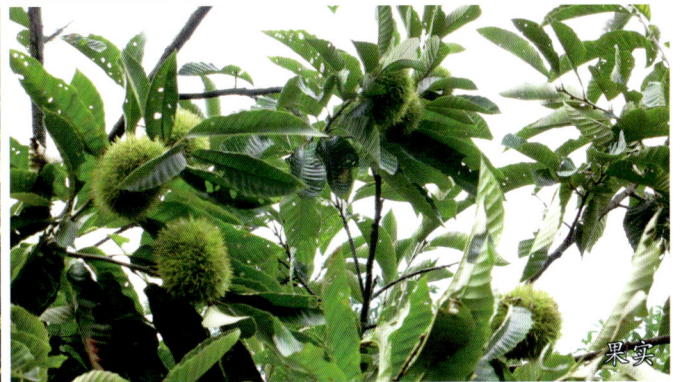

生境

雌花

雄花

植株

叶片

果实

蜜蜂球

Castanea mollissima Blume 'Mifengqiu'

调查编号： YUANZHSQB074

所属树种： 板栗 *Castanea mollissima* Blume

提 供 人： 周建业
电　　话： 13905634746
住　　址： 安徽省宣城市鳌峰西路46号

调 查 人： 俞飞飞
电　　话： 0551-65160952
单　　位： 安徽省农业科学院园艺研究所

调查地点： 安徽省宣城市宣州区敬亭山茶场

地理数据： GPS数据（海拔：87m，经度：E118°41'55"，纬度：N30°58'28"）

样本类型： 种子（果实）、叶、枝条

生境信息

来源于当地，生长于旷野中的坡地，该土地为人工林，土壤质地为砂壤土。种植年限为30年，现存70株。

植物学信息

1. 植株情况

乔木，树势强，树姿开张，树形半圆形。树高8m，冠幅东西6.6m、南北9m；干高0.5m，干周80cm，主干褐色，皮块状裂，枝条中等密。

2. 植物学特征

1年生枝绿色，中等长而细，节间平均长2.5cm，平均粗0.3cm；嫩梢上茸毛少，灰色；皮目少，中等大而凸，椭圆形；多年生枝灰褐色；混合芽三角形，与副芽位置贴近；复叶柄长1.5cm，小叶长22cm、宽8.5cm、厚0.5mm；小叶长卵圆形，叶色浓绿，叶尖急尖，叶缘粗锯齿；有短针刺；雄花序平均长16cm，雄花芽多，雄花数中等，柱头黄绿色；果实椭圆形，果皮绿色。

3. 果实性状

坚果椭圆形，纵径3.7cm，横径3.2cm，侧径2.9cm，坚果重13g，有光泽，茸毛稀；边座半圆形，筋线明显，小而不光滑；壳面光滑，颜色中等深；平均核仁重10.2g；核仁充实饱满，黄白色；核仁风味香甜；坚果淀粉含量45%，蛋白含量4.2%，涩皮难剥离。

4. 生物学习性

萌芽力强，发枝力强，新梢一年平均长15cm，生长势强。晚实，开始结果年龄为7年，盛果期年龄20年；以长中果枝结果为主，果台副梢抽生及连续结果能力较强，全树结果；坐果力强，生理落果少，采前落果少，丰产，大小年不显著，单株平均产量（盛果期）22.5kg。4月中旬萌芽，雄花盛开期为5月下旬，雌花盛开期为5月下旬，雄花序凋落期为6月中旬，果实采收期为8月下旬，落叶期为11月下旬。

品种评价

植株耐贫瘠，对寒、旱、瘠、盐、风、日灼等恶劣环境有抵抗能力中等；对土壤、地势、栽培条件的要求不严格；坚果高产优质，成熟早；膏药病较重，产量高而稳定，耐贮藏性差；嫁接繁殖，每年修剪可有助于产量提高。

生境

植株

雌花

雄花

叶片

果实

特早

Castanea mollissima Blume 'Tezao'

调查编号： YUANZHSQB075

所属树种： 板栗 *Castanea mollissima* Blume

提 供 人： 周建业
电　　话： 13905634746
住　　址： 安徽省宣城市鳌峰西路46号

调 查 人： 俞飞飞
电　　话： 0551-65160952
单　　位： 安徽省农业科学院园艺研究所

调查地点： 安徽省宣城市宣州区敬亭山茶场

地理数据： GPS数据（海拔：91m，经度：E118°5'53"，纬度：N30°58'28"）

样本类型： 种子（果实）、叶、枝条

生境信息

来源于当地，生长于旷野中的坡地，该土地为人工林，土壤质地为砂壤土。种植年限为30年，现存50株。

植物学信息

1. 植株情况

乔木，树势强，树姿下垂，树形圆头形。树高6m，冠幅东西7m、南北7.4m；干高0.6m，干周80cm，主干褐色，皮块状裂，枝条密。

2. 植物学特征

1年生枝绿色，中等长，中等，节间平均长2.7cm，平均粗0.4cm；嫩梢上茸毛少，茸毛白色；皮目多，中等大而凸，近圆形；多年生枝灰褐色；混合芽长圆形，与副芽位置间距；复叶柄长1.8cm，小叶长21.6cm、宽10.1cm、厚0.21mm；小叶长卵圆形，叶色浓绿，叶尖急尖，叶缘粗锯齿；无针刺；雄花序平均长14cm，雄花芽多，雄花数多，柱头淡黄色；果实椭圆形，果皮绿色。

3. 果实性状

坚果椭圆形，纵径2.7cm，横径2.8cm，侧径2.1cm，坚果重5.3g，有光泽，茸毛稀；边果半圆形，筋线明显，小而不光滑；壳面光滑，颜色中等深；平均核仁重4.7g；核仁充实饱满，黄白色；核仁风味香甜；坚果淀粉含量48.1%，蛋白含量5.5%，涩皮难剥离。

4. 生物学习性

萌芽力强，发枝力中等，新梢一年平均长18cm，生长势强。晚实，开始结果年龄为7年，盛果期年龄15年；以长中果枝结果为主，果台副梢抽生及连续结果能力较强，全树结果；坐果力强，生理落果少，采前落果少，产量中等，大小年不显著，单株平均产量（盛果期）15kg。4月中旬萌芽，雄花盛开期为5月下旬，雌花盛开期为5月下旬，雄花序凋落期为6月中旬，果实采收期为9月上旬，落叶期为10月下旬。

品种评价

植株耐贫瘠，对寒、旱、瘠、盐、风、日灼等恶劣环境有较强抵抗能力；对土壤、地势、栽培条件的要求不严格；主要病虫害种类为桃蛀螟、栗象鼻虫、栗链蚧等；嫁接繁殖，每年修剪可有助于产量提高。坚果高产，含水率低，耐贮藏性较好，但干旱年份坚果易失水干瘪，影响产量。

生境

植株

雌花

雄葇

枝叶

果实

宣城大红袍

Castanea mollissima Blume
'Xuanchengdahongpao'

调查编号：YUANZHSQB076

所属树种：板栗 *Castanea mollissima* Blume

提 供 人：周建业
电　　话：13905634746
住　　址：安徽省宣城市鳌峰西路46号

调 查 人：俞飞飞
电　　话：0551-65160952
单　　位：安徽省农业科学院园艺研究所

调查地点：安徽省宣城市宣州区敬亭山茶场

地理数据：GPS数据（海拔：136m，经度：E118°41'54"，纬度：N30°58'29"）

样本类型：种子（果实）、叶、枝条

生境信息

来源于当地，生长于旷野中的坡地，该土地为人工林，土壤质地为砂壤土。种植年限为30年，现存50株。

植物学信息

1. 植株情况

乔木，树势强，树姿开张，树形半圆形。树高7m，冠幅东西8m、南北6.2m；干高0.5m，干周93cm，主干褐色，皮块状裂，枝条密。

2. 植物学特征

1年生枝绿色，枝条，中等粗，节间平均长2.8cm，平均粗0.4cm；嫩梢上茸毛少，白色；皮目中等，小而凸，椭圆形；多年生枝灰褐色；混合芽长圆形，与副芽位置贴近；复叶长20cm，复叶柄长1.4cm、宽9.5cm、厚0.5mm；小叶长卵圆形，叶色浓绿，叶尖急尖，叶缘粗锯齿；有短针刺；雄花序平均长16cm，雄花芽多，雄花数多，柱头淡黄色；果实椭圆形，果皮绿色。

3. 果实性状

坚果椭圆形，纵径3.6cm，横径3.4cm，侧径2.8cm，坚果重11.6g，有光泽，茸毛稀；边果半圆形，筋线明显，底座大而不光滑；壳面光滑，颜色中等深；平均核仁重9.7g；核仁充实饱满，黄白色；核仁风味香甜；坚果淀粉含量51%，蛋白含量5.9%，涩皮难剥离。

4. 生物学习性

萌芽力强，发枝力强，新梢一年平均长26cm，生长势强。晚实，开始结果年龄为7年，盛果期年龄15年；以长中果枝结果为主，果台副梢抽生及连续结果能力较强，全树结果；坐果力强，生理落果少，采前落果少，丰产，大小年不显著，单株平均产量（盛果期）20kg。4月中旬萌芽，雄花盛开期为5月下旬，雌花盛开期为5月下旬，雄花序凋落期为6月中旬，果实采收期为9月下旬，落叶期为11月下旬。

品种评价

植株对寒、旱、瘠、盐、风、日灼等恶劣环境有较强抵抗能力；对土壤、地势、栽培条件的要求不严格；坚果高产，抗病；嫁接繁殖，每年修剪可有助于产量提高。与'宁国大红袍'相比，'宣城大红袍'坚果果顶稍凸，茸毛少，颜色更油亮。雄花序短。

生境

植株

雌花

雄花

枝叶

果实

敬亭山1号

Castanea mollissima Blume 'Jingtingshan 1'

- 调查编号：YUANZHSQB077
- 所属树种：板栗 *Castanea mollissima* Blume
- 提 供 人：周建业
  电　　话：13905634746
  住　　址：安徽省宣城市鳌峰西路46号
- 调 查 人：俞飞飞
  电　　话：0551-65160952
  单　　位：安徽省农业科学院园艺研究所
- 调查地点：安徽省宣城市宣州区敬亭山茶场
- 地理数据：GPS数据（海拔：94m，经度：E118°41'52"，纬度：N30°58'28"）
- 样本类型：种子（果实）、叶、枝条

生境信息

来源于当地，生长于旷野中的坡地，该土地为人工林，土壤质地为砂壤土。种植年限为30年，现存1株。

植物学信息

1. 植株情况

乔木，树势强，树姿直立，树形圆头形。树高6m，冠幅东西4.5m、南北5.5m；干高1.5m，干周50cm，主干灰色，皮块状裂，枝条密。

2. 植物学特征

1年生枝绿色，中等长，中等粗，节间平均长1.9cm，平均粗0.4cm；嫩梢上茸毛少，白色；皮目中等，小而凸，椭圆形；多年生枝褐色；混合芽三角形，与副芽位置贴近；复叶柄长2cm，小叶长17cm、宽8.5cm、厚0.79mm；小叶长卵圆形，叶色浓绿，叶尖急尖，叶缘粗锯齿；有短针刺；雄花序平均长13cm，雄花芽多，雄花数多，柱头淡黄色；果实椭圆形，果皮绿色。

3. 果实性状

坚果椭圆形，纵径3.2cm，横径3.2cm，侧径2.0cm，坚果重10.5g，有光泽，茸毛稀；边果半圆形，筋线明显，底座大而不光滑；壳面光滑，颜色中等深；平均核仁重9.4g；核仁充实饱满，黄白色；核仁风味香甜；坚果淀粉含量48%，蛋白含量6%，涩皮难剥离。

4. 生物学习性

萌芽力中等，发枝力中等，新梢一年平均长19cm，生长势弱。晚实，开始结果年龄为9年，盛果期年龄20年；以长中果枝结果为主，树冠上部结果；坐果力中等，生理落果中等，采前落果少，产量中等，大小年不显著，单株平均产量（盛果期）12.5kg。4月中旬萌芽，雄花盛开期为5月下旬，雌花盛开期为5月下旬，雄花序凋落期为6月中旬，果实采收期为9月中旬，落叶期为11月下旬。

品种评价

植株抗旱，对寒、旱、瘠、盐、风、日灼等恶劣环境有较强抵抗能力；对土壤、地势、栽培条件的要求不严格；坚果优质，风味好；主要病虫害种类为栗瘿蜂、桃蛀螟等；嫁接繁殖，每年修剪可有助于产量提高。

雌花

雄花

植株

果实

生境

枝叶

太湖油栗 1 号

Castanea mollissima Blume 'Taihuyouli 1'

调查编号：YUANZHSQB101

所属树种：板栗 *Castanea mollissima* Blume

提 供 人：石成良
电　　话：13063416106
住　　址：安徽省安庆市太湖县天华镇李杜村毕架组

调 查 人：孙其宝
电　　话：0551-65160952
单　　位：安徽省农业科学院园艺研究所

调查地点：安徽省安庆市太湖县天华镇李杜村毕架组

地理数据：GPS数据（海拔：187m，经度：E116°11'41"，纬度：N30°28'26"）

样本类型：种子（果实）、叶、枝条

生境信息

来源于当地，最大树龄40年，生长于旷野中的坡地，该土地为人工林，土壤质地为砂壤土。种植年限为38年。

植物学信息

1. 植株情况

乔木，树势中等，树姿开张，树形圆头形。树高15m，冠幅东西10m、南北18m；干高1.57m，干周121cm，主干褐色，皮光丝状裂，枝条中等密。

2. 植物学特征

1年生枝黄绿色，中等长而细，节间平均长4.1cm，平均粗0.7cm；嫩梢上茸毛多，白色；皮目多，小而凸，近圆形；多年生枝灰褐色；混合芽三角形，与副芽位置贴近；复叶柄长0.9cm，小叶长17.6cm、宽2.4cm、厚1.05mm；小叶长卵圆形，叶色浓绿，叶尖急尖，叶缘粗锯齿；无针刺；雄花序平均长15cm，雄花芽多，雄花数多，柱头黄绿色；果实椭圆形，果皮绿色。

3. 果实性状

坚果椭圆形，纵径3.4cm，横径3.1cm，侧径2.4cm，坚果重11g，有光泽，茸毛稀；边果半圆形，筋线明显，底座不光滑；壳面光滑，颜色中等深；平均核仁重9.5g；核仁充实饱满，黄白色；核仁风味香甜；坚果淀粉含量49.4%，蛋白含量6%，涩皮难剥离。

4. 生物学习性

萌芽力强，发枝力强，新梢一年平均长17cm，生长势中等。晚实，开始结果年龄为8年，盛果期年龄15年；以长中果枝结果为主，果台副梢抽生及连续结果能力较强，全树结果；坐果力中等，生理落果少，采前落果少，产量少，大小年不显著，单株平均产量（盛果期）15kg。4月中旬萌芽，雄花盛开期为5月下旬，雌花盛开期为5月下旬，雄花序凋落期为6月中旬，果实采收期为9月上旬，落叶期为10月下旬。

品种评价

植株抗旱，耐贫瘠，对寒、旱、瘠、盐、风、日灼等恶劣环境有较强抵抗能力；对土壤、地势、栽培条件的要求不严格；坚果早熟；主要病虫害种类为栗瘿蜂等；嫁接繁殖，每年修剪可有助于产量提高。

生境

花

枝叶

植株

果实

油板栗

Castanea mollissima Blume 'Youbanli'

- 调查编号：YUANZHSQB102

- 所属树种：板栗 *Castanea mollissima* Blume

- 提供人：石成良
  电　话：13063416106
  住　址：安徽省安庆市太湖县天华镇李杜村毕架组

- 调查人：孙其宝
  电　话：0551-65160952
  单　位：安徽省农业科学院园艺研究所

- 调查地点：安徽省安庆市太湖县天华镇李杜村毕架组

- 地理数据：GPS数据（海拔：168m，经度：E116°11'28"，纬度：N30°28'38"）

- 样本类型：种子（果实）、叶、枝条

生境信息

来源于当地，生长于旷野中的坡地，该土地为人工林，土壤质地为砂壤土。种植年限为38年。

植物学信息

1. 植株情况

乔木，树势中等，树姿开张，树形圆头形。树高14m，冠幅东西17m、南北18m；干高1.22m，干周135cm，主干褐色，皮丝状裂，枝条中等密。

2. 植物学特征

1年生枝黄绿色，中等长而细，节间平均长2.7cm，平均粗0.2cm；嫩梢上茸毛中等，白色；皮目多，小而凸，椭圆形；多年生枝灰褐色；混合芽三角形，与副芽位置贴近；复叶柄长1.1cm，小叶长15.5cm、宽3.1cm、厚1.24mm；小叶长卵圆形，叶色浓绿，叶尖急尖，叶缘粗锯齿；无针刺；雄花序平均长13cm，雄花芽多，雄花数多，柱头黄绿色；果实椭圆形，果皮绿色。

3. 果实性状

坚果椭圆形，纵径3.3cm，横径3.2cm，侧径2.5cm，坚果重12.1g，有光泽，茸毛稀；边果半圆形，筋线明显，底座不光滑；壳面光滑，颜色中等深；平均核仁重8.8g；核仁充实饱满，黄白色；核仁风味香甜；坚果淀粉含量49.4%，蛋白含量6%，涩皮难剥离。

4. 生物学习性

萌芽力强，发枝力强，新梢一年平均长21cm，生长势强。晚实，开始结果年龄为9年，盛果期年龄17年；以长中果枝结果为主，果台副梢抽生及连续结果能力较强，全树结果；坐果力中等，生理落果少，采前落果少，产量中等，大小年不显著，单株平均产量（盛果期）13kg。4月中旬萌芽，雄花盛开期为5月下旬，雌花盛开期为5月下旬，雄花序凋落期为6月中旬，果实采收期为9月上旬，落叶期为10月下旬。

品种评价

植株抗旱，耐贫瘠，对寒、旱、瘠、盐、风、日灼等恶劣环境有较强抵抗能力；对土壤、地势、栽培条件的要求不严格；坚果优质；主要病虫害种类为栗象鼻虫、栗瘿蜂等；实生繁殖，每年修剪可有助于产量提高。比油栗成熟期提前7天左右。树体高大，疏于管理，产量不稳定。

生境

植株

花

枝叶

果实

李杜优选

Castanea mollissima Blume 'Liduyouxuan'

调查编号： YUANZHSQB103

所属树种： 板栗 *Castanea mollissima* Blume

提 供 人： 石成良
电　　话： 13063416106
住　　址： 安徽省安庆市太湖县天华镇李杜村毕架组

调 查 人： 孙其宝
电　　话： 0551-65160952
单　　位： 安徽省农业科学院园艺研究所

调查地点： 安徽省安庆市太湖县天华镇李杜村毕架组

地理数据： GPS数据（海拔：168m，经度：E116°11′28″，纬度：N30°28′28″）

样本类型： 种子（果实）、叶、枝条

生境信息

来源于当地，生长于旷野中的坡地，该土地为人工林，土壤质地为砂壤土。种植年限为30年。

植物学信息

1. 植株情况

乔木，树势中等，树姿开张，树形圆头形。树高13m，冠幅东西12m、南北15m；干高1.2m，干周129cm，主干褐色，皮丝状裂，枝条中等密。

2. 植物学特征

1年生枝黄绿色，中等长而细，节间平均长2.4cm，平均粗0.3cm；嫩梢上茸毛中等，白色；皮目多，小而凸，椭圆形；多年生枝灰褐色；混合芽三角形，与副芽位置贴近；复叶柄长1.3cm，小叶长16.1cm、宽3.3cm、厚1.21mm；小叶长卵圆形，叶色浓绿，叶尖急尖，叶缘粗锯齿；无针刺；雄花序平均长14cm，雄花芽多，雄花数多，柱头黄绿色；果实椭圆形，果皮绿色。

3. 果实性状

坚果椭圆形，纵径3.1cm，横径3.4cm，侧径2.6cm，坚果重11.1g，有光泽，茸毛稀；边果半圆形，筋线明显，底座不光滑；壳面光滑，颜色中等深；平均核仁重8.9g；核仁充实饱满，黄白色；核仁风味香甜；（板栗）坚果淀粉含量50.6%，蛋白含量5.5%，涩皮难剥离。

4. 生物学习性

萌芽力强，发枝力强，新梢一年平均长21cm，生长势强。晚实，开始结果年龄为10年，盛果期年龄17年；以长中果枝结果为主，果台副梢抽生及连续结果能力较强，全树结果；坐果力中等，生理落果少，采前落果少，产量中等，大小年不显著，单株平均产量（盛果期）12.5kg。4月中旬萌芽，雄花盛开期为5月下旬，雌花盛开期为5月下旬，雄花序凋落期为6月中旬，果实采收期为9月中旬，落叶期为10月下旬。

品种评价

植株抗旱，对寒、旱、瘠、盐、风、日灼等恶劣环境有较强抵抗能力；对土壤、地势、栽培条件的要求不严格；坚果抗病性好，主要病虫害种类为栗象鼻虫、栗瘿蜂等；实生繁殖，每年修剪可有助于产量提高。

生境

植株

花

枝叶

果实

太湖栗

Castanea mollissima Blume 'Taihuli'

调查编号：YUANZHSQB104

所属树种：板栗 *Castanea mollissima* Blume

提 供 人：石成良
电　　话：13063416106
住　　址：安徽省安庆市太湖县天华镇李杜村毕架组

调 查 人：孙其宝
电　　话：0551-65160952
单　　位：安徽省农业科学院园艺研究所

调查地点：安徽省安庆市太湖县天华镇李杜村毕架组

地理数据：GPS数据（海拔：168m，经度：E116°11'28"，纬度：N30°28'38"）

样本类型：种子（果实）、叶、枝条

生境信息

来源于当地，生长于旷野中的坡地，该土地为人工林，土壤质地为砂壤土。种植年限为100年，现存10株。

植物学信息

1. 植株情况

乔木，树势中等，树姿半开张，树形圆头形。树高18m，冠幅东西14m、南北15.2m；干高0.85m，干周197cm，主干灰色，皮丝状裂，枝条中等密。

2. 植物学特征

1年生枝黄绿色，中等长而细，节间平均长2.3cm，平均粗0.3cm；嫩梢上茸毛中等，白色；皮目数量中等，中等大而凸，椭圆形；多年生枝灰褐色；混合芽三角形，与副芽位置贴近；复叶柄长1.3cm，小叶长17.5cm、宽3.2cm、厚1.05mm；小叶长卵圆形，叶色浓绿，叶尖急尖，叶缘粗锯齿；无针刺；雄花序平均长15cm，雄花芽多，雄花数多，柱头黄绿色；果实椭圆形，果皮绿色。

3. 果实性状

坚果椭圆形，纵径4.1cm，横径3.7cm，侧径2.8cm，坚果重13.5g，有光泽，茸毛稀；边果半圆形，筋线明显，底座不光滑；壳面光滑，颜色中等深；平均核仁重10.4g；核仁充实饱满，黄白色；核仁风味香甜；坚果淀粉含量43.5%，蛋白含量4.5%，涩皮难剥离。

4. 生物学习性

萌芽力强，发枝力强，新梢一年平均长21cm，生长势强。晚实，开始结果年龄为9年，盛果期年龄14年；以长中果枝结果为主，果台副梢抽生及连续结果能力较强，全树结果；坐果力中等，生理落果少，采前落果少，产量中等，大小年不显著，单株平均产量（盛果期）20kg。4月中旬萌芽，雄花盛开期为5月下旬，雌花盛开期为5月下旬，雄花序凋落期为6月中旬，果实采收期为9月中旬，落叶期为10月下旬。

品种评价

植株抗旱，耐贫瘠，对寒、旱、瘠、盐、风、日灼等恶劣环境有较强抵抗能力；对土壤、地势、栽培条件的要求不严格；坚果大，高产优质，风味好，耐贮藏；主要病虫害种类为桃蛀螟等；嫁接繁殖，每年修剪可有助于产量提高。

生境

植株

叶片

花

果实

太湖油栗2号

Castanea mollissima Blume 'Taihuyouli 2'

调查编号：YUANZHSQB105

所属树种：板栗 *Castanea mollissima* Blume

提 供 人：石成良
电　　话：13063416106
住　　址：安徽省安庆市太湖县天华镇李杜村毕架组

调 查 人：孙其宝
电　　话：0551-65160952
单　　位：安徽省农业科学院园艺研究所

调查地点：安徽省安庆市太湖县天华镇李杜村毕架组

地理数据：GPS数据（海拔：168m，经度：E116°11'28"，纬度：N30°28'38"）

样本类型：种子（果实）、叶、枝条

生境信息

来源于当地，最大树龄70年，生长于旷野中的坡地，该土地为人工林，土壤质地为砂壤土。

植物学信息

1. 植株情况

乔木，树势中等，树姿开张，树形圆头形。树高20m，冠幅东西19.5m、南北15m；干高0.92m，干周245cm，主干灰色，皮块状裂，枝条中等密。

2. 植物学特征

1年生枝黄绿色，中等长而细，节间平均长4.7cm，平均粗0.8cm；嫩梢上茸毛中等，白色；皮目数量中等，中等大而凸，椭圆形；多年生枝灰褐色；混合芽三角形，与副芽位置贴近；复叶柄长1.4cm，小叶长19.5cm、宽3.5cm、厚1.21mm；小叶长卵圆形，叶色浓绿，叶尖急尖，叶缘粗锯齿；无针刺；雄花序平均长18cm，雄花芽多，雄花数多，柱头黄绿色；果实椭圆形，果皮绿色。

3. 果实性状

坚果椭圆形，纵径3.6cm，横径3.4cm，侧径2.5cm，坚果重12.3g，有光泽，茸毛稀；边果半圆形，筋线明显，底座不光滑；壳面光滑，颜色中等深；平均核仁重10.3g；核仁充实饱满，黄白色；核仁风味香甜；坚果淀粉含量37.6%，蛋白含量4.5%，涩皮难剥离。

4. 生物学习性

萌芽力强，发枝力强，新梢一年平均长24cm，生长势强。晚实，开始结果年龄为8年，盛果期年龄14年；以长中果枝结果为主，果台副梢抽生及连续结果能力较强，全树结果；坐果力中等，生理落果少，采前落果少，产量中等，大小年不显著，单株平均产量（盛果期）16kg。4月中旬萌芽，雄花盛开期为5月下旬，雌花盛开期为5月下旬，雄花序凋落期为6月中旬，果实采收期为9月上旬，落叶期为10月下旬。

品种评价

植株耐贫瘠，对寒、旱、瘠、盐、风、日灼等恶劣环境有较强抵抗能力；对土壤、地势、栽培条件的要求不严格；主要病虫害种类为桃蛀螟、栗瘿蜂等；嫁接繁殖，每年修剪可有助于产量提高。坚果中等大，早熟，比'太湖油栗1号'早熟7天左右，成熟期可提早至8月下旬，该品种已有群众嫁接。大树疏于管理，产量不稳定。

生境

花

枝叶

植株

果实

西祥沟无花

Castanea mollissima Blume
'Xixianggouwuhua'

- 调查编号：YINYLTSL049

- 所属树种：板栗 *Castanea mollissima* Blume

- 提 供 人：田寿乐
  电　　话：13954895479
  住　　址：山东省泰安市泰山区

- 调 查 人：尹燕雷
  电　　话：0538-8334070
  单　　位：山东省果树研究所

- 调查地点：山东省泰安市岱岳区下港镇西祥沟村

- 地理数据：GPS数据（海拔：418m，经度：E117°06'36"，纬度：N36°18'43"）

- 样本类型：种子（果实）、叶、枝条

生境信息

来源于当地，生长于坡地，为原始林，土壤质地为砂壤土，种植年限40～50年，现存500株。

植物学信息

1. 植株情况

乔木，树势强，树姿开张，树形圆锥形。树高8.2m，冠幅东西7.9m、南北6.3m；干高1.1m，干周95cm，主干褐色，皮丝状裂，枝条中等密。

2. 植物学特征

1年生枝黄绿色，中等长，中等粗，节间平均长1.2cm，平均粗0.3cm；嫩梢上茸毛少，白色；皮目平，椭圆形；混合芽三角形，与副芽位置贴近；复叶长11～15cm、宽5～7cm，复叶柄长0.6cm；小叶长卵圆形，叶色浓绿，叶尖急尖，叶缘粗锯齿；有中等长针刺；雄花序平均长4～9cm，雄花芽多，雄花数多，柱头黄绿色；果实圆形或椭圆形，果皮绿色，栗苞易脱离。

3. 果实性状

坚果椭圆形，纵径2.7cm，横径3.0cm，侧径2.5cm，坚果重9.3g；边果半圆形，筋线明显，底座不光滑；壳面光滑，颜色中等深，壳厚0.15mm（以两颊中心处壳厚为准）；平均核仁重8.7g，出仁率85%；核仁充实饱满，黄白色；核仁风味香甜；坚果淀粉含量56.9%，蛋白含量9.8%，涩皮难剥离。

4. 生物学习性

萌芽力强，发枝力强，新梢一年平均长30～50cm，生长势强。晚实，开始结果年龄为7年，盛果期年龄8～15年；以长果枝结果为主，果台副梢抽生及连续结果能力较强，树冠外围结果；坐果力中等，生理落果少，采前落果多，产量中等，大小年显著，单株平均产量（盛果期）90kg。4月中旬萌芽，雄花盛开期为5月下旬，雌花盛开期为6月上中旬，雄花序凋落期为6月中旬，果实采收期为9月下旬，落叶期为11月下旬。

品种评价

植株抗旱，耐贫瘠，对寒、旱、瘠、盐、风、日灼等恶劣环境有较强抵抗能力；不耐涝；主要病虫害种类为桃蛀螟、栗绛蚧、栗瘿蜂、板栗炭疽病、板栗皮疣枝枯病等；嫁接或实生繁殖。可作为重要资源保存。

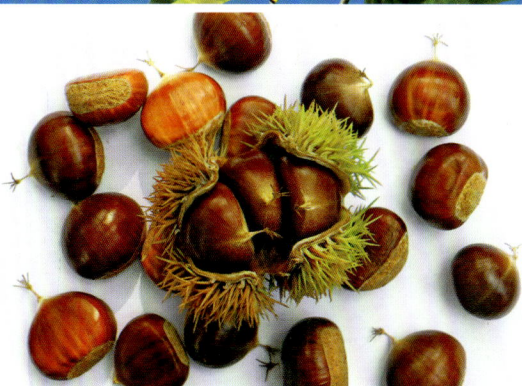

生境

花

果实

植株

果实

黄前无花

Castanea mollissima Blume
'Huangqianwuhua'

调查编号：YINYLTSL050

所属树种：板栗 *Castanea mollissima* Blume

提 供 人：田寿乐
电　　话：13954895479
住　　址：山东省泰安市泰山区

调 查 人：尹燕雷
电　　话：0538-8334070
单　　位：山东省果树研究所

调查地点：山东省泰安市岱岳区黄前镇西马塔村

地理数据：GPS数据（海拔：418m，经度：E117°06'36"，纬度：N36°18'44"）

样本类型：种子（果实）、叶、枝条

生境信息

来源于当地，生长于坡地，为原始林，土壤质地为砂壤土，种植年限40~50年，现存500株。

植物学信息

1. 植株情况

乔木，树势强，树姿开张，树形圆锥形。树高7.9m，冠幅东西7.4m、南北6.1m；干高0.9m，干周85cm，主干褐色，皮丝状裂，枝条中等密。

2. 植物学特征

1年生枝黄绿色，中等长，中等粗，节间平均长1.2cm，平均粗0.3cm；嫩梢上茸毛少，白色；皮目平，椭圆形；混合芽三角形，与副芽位置贴近；复叶长10~14cm、宽4~7cm，复叶柄长0.5cm；小叶长卵圆形，叶色浓绿，叶尖急尖，叶缘粗锯齿；有中等长针刺；雄花序平均长4~8cm，雄花芽多，雄花数多，柱头黄绿色；果实圆形或椭圆形，果皮绿色，栗苞易脱离。

3. 果实性状

坚果椭圆形，纵径2.6cm，横径2.8cm，侧径2.4cm，坚果重8.9g，有光泽，茸毛密；边果半圆形，底座小而光滑；壳面光滑，颜色中等深，壳厚0.15mm（以两颗中心处壳厚为准）；平均核仁重7.6g，出仁率83%；核仁充实饱满，黄白色；核仁风味香甜；坚果淀粉含量36.5%，蛋白含量8.2%，涩皮难剥离。

4. 生物学习性

萌芽力强，发枝力强，新梢一年平均长30~50cm，生长势强。晚实，开始结果年龄为7年，盛果期年龄8~15年；以长果枝结果为主，果台副梢抽生及连续结果能力较强，树冠外围结果；坐果力中等，生理落果少，采前落果多，产量中等，大小年显著，单株平均产量（盛果期）80kg。4月中旬萌芽，雄花盛开期为5月下旬，雌花盛开期为6月上中旬，雄花序凋落期为6月中旬，果实采收期为9月上中旬，落叶期为11月下旬。

品种评价

植株抗旱，耐贫瘠；对土壤、地势、栽培条件的要求不严格，不耐涝；主要病虫害种类为桃蛀螟、栗绛蚧、栗瘿蜂、板栗炭疽病；嫁接或实生繁殖。属于变种无花栗，可作为重要资源保存。

花

植株

枝叶

果实

果实

东密坞无花

Castanea mollissima Blume
'Dongmiwuwuhua'

调查编号：YINYLTSL051

所属树种：板栗 *Castanea mollissima* Blume

提 供 人：田寿乐
电　　话：13954895479
住　　址：山东省泰安市泰山区

调 查 人：尹燕雷
电　　话：0538-8334070
单　　位：山东省果树研究所

调查地点：山东省泰安市岱岳区大津口乡牛山口村

地理数据：GPS数据（海拔：525m，经度：E117°05'55"，纬度：N36°19'47"）

样本类型：种子（果实）、叶、枝条

生境信息

来源于当地，生长于坡地，为原始林，土壤质地为砂壤土，种植年限10~20年，现存10株。

植物学信息

1. 植株情况

乔木，树势强，树姿开张，树形圆锥形。树高6.8m，冠幅东西5.7m、南北4.6m；干高0.8m，干周75cm，主干褐色，皮丝状裂，枝条中等密。

2. 植物学特征

1年生枝黄绿色，中等长，中等粗，节间平均长0.8cm，平均粗0.2cm；嫩梢上茸毛少，白色；皮目平，椭圆形；混合芽三角形，与副芽位置贴近；小叶长12.8cm、宽6.5cm，叶柄长0.5cm；小叶长卵圆形，叶色浓绿，叶尖急尖，叶缘粗锯齿；有中等长针刺；雄花序平均长4~9cm，雄花芽多，雄花数多，柱头黄绿色；果实圆形或椭圆形，果皮绿色，栗苞易脱离。

3. 果实性状

坚果椭圆形，纵径2.4cm，横径2.8cm，侧径2.2cm，坚果重7.6g，有光泽，茸毛密；壳面光滑，颜色中等深，壳厚0.13mm（以两颊中心处壳厚为准）；平均核仁重5.9g，出仁率75%；核仁充实饱满，黄白色；核仁风味香甜；坚果淀粉含量22.4%，蛋白含量5.3%，涩皮难剥离。

4. 生物学习性

萌芽力强，发枝力强，新梢一年平均长30~50cm，生长势强。晚实，开始结果年龄为7年，盛果期年龄8~15年；以长果枝结果为主，果台副梢抽生及连续结果能力较强，树冠外围结果；坐果力中等，生理落果少，采前落果多，产量中等，大小年显著，单株平均产量（盛果期）90kg。4月中旬萌芽，雄花盛开期为5月下旬，雌花盛开期为6月中旬，雄花序凋落期为6月中旬，果实采收期为9月下旬，落叶期为11月下旬。

品种评价

植株抗旱，耐贫瘠，对寒、旱、瘠、盐、风、日灼等恶劣环境有较强抵抗能力；对土壤、地势、栽培条件的要求不严格，不耐涝；嫁接或实生繁殖。该品种为无花栗珍稀资源，应重视保存和利用。

植株

单株

果实

果实

东密坞 35 号

Castanea mollissima Blume 'Dongmiwu 35'

调查编号： YINYLTSL052

所属树种： 板栗 *Castanea mollissima* Blume

提 供 人： 田寿乐
电　　话： 13954895479
住　　址： 山东省泰安市泰山区

调 查 人： 尹燕雷
电　　话： 0538-8334070
单　　位： 山东省果树研究所

调查地点： 山东省泰安市岱岳区大津口乡牛山口村

地理数据： GPS数据（海拔：525m，经度：E117°05'55"，纬度：N36°19'47"）

样本类型： 种子（果实）、叶、枝条

生境信息

来源于当地，生长于坡地，为原始林，土壤质地为砂壤土，种植年限10～20年，现存10株。

植物学信息

1. 植株情况

乔木，树势强，树姿开张，树形圆锥形。树高6.5m，冠幅东西5.2m、南北4.1m；干高0.9m，干周68cm，主干褐色，皮丝状裂，枝条中等密。

2. 植物学特征

1年生枝黄绿色，中等长，中等粗，节间平均长0.7cm，平均粗0.2cm；嫩梢上茸毛少，白色；皮目平，椭圆形；混合芽三角形，与副芽位置贴近；叶长12.2cm、宽6.3cm，复叶柄长0.4cm；小叶长卵圆形，叶色浓绿，叶尖急尖，叶缘粗锯齿；有中等长针刺；雄花序平均长7.2cm，雄花芽多，雄花数多，柱头黄绿色；果实圆形或椭圆形，果皮绿色，栗苞易脱离。

3. 果实性状

坚果椭圆形，纵径2.3cm，横径2.7cm，侧径2.1cm，坚果重7.9g，有光泽，茸毛密；边果半圆形；壳面光滑，颜色中等深，壳厚0.13mm（以两颊中心处壳厚为准）；平均核仁重5.6g，出仁率75%；核仁充实饱满，黄白色；核仁风味香甜；坚果淀粉含量21.4%，蛋白含量4.3%，涩皮难剥离。

4. 生物学习性

萌芽力强，发枝力强，新梢一年平均长30～50cm，生长势强。晚实，开始结果年龄为7年，盛果期年龄8～15年；以长果枝结果为主，果台副梢抽生及连续结果能力较强，树冠外围结果；坐果力中等，生理落果少，采前落果多，产量中等，大小年显著，单株平均产量（盛果期）90kg。4月中旬萌芽，雄花盛开期为5月下旬，雌花盛开期为6月上中旬，雄花序凋落期为6月中旬，果实采收期为9月下旬，落叶期为11月下旬。

品种评价

植株抗旱，耐贫瘠；对土壤、地势、栽培条件的要求不严格，不耐涝；主要病虫害种类为桃蛀螟、栗绛蚧、栗瘿蜂；嫁接或实生繁殖。

植株

花

枝叶

果实

果实

包丰

Castanea mollissima Blume 'Baofeng'

- 调查编号：YINYLTSL121

- 所属树种：板栗 *Castanea mollissima* Blume

- 提供人：田寿乐
  电　话：13954895479
  住　址：山东省泰安市泰山区

- 调查人：尹燕雷
  电　话：0538-8334070
  单　位：山东省果树研究所

- 调查地点：山东省泰安市岱岳区大津口乡藕池村

- 地理数据：GPS数据（海拔：418m，经度：E117°06'36"，纬度：N36°18'44"）

- 样本类型：种子（果实）、叶、枝条

生境信息

来源于当地，生长于坡地，为原始林，土壤质地为砂壤土，种植年限10～15年，现存5株。

植物学信息

1. 植株情况

乔木，树势强，树姿开张，树形圆锥形。树高5.7m，冠幅东西4.6m、南北3.8m；干高0.8m，干周54cm，主干褐色，皮丝状裂，枝条中等密。

2. 植物学特征

1年生枝黄绿色，中等长，中等粗，节间平均长3.2cm，平均粗0.4cm；嫩梢上茸毛少，白色；皮目平，椭圆形；混合芽三角形，与副芽位置贴近；叶长11.8cm、宽5.2cm，叶柄长0.3cm；小叶长卵圆形，叶色浓绿，叶尖急尖，叶缘粗锯齿；有中等长针刺；雄花序平均长6.3cm，雄花芽多，雄花数多，柱头黄绿色；果实圆形或椭圆形，果皮绿色，栗苞易脱离。

3. 果实性状

坚果椭圆形，纵径2.2cm，横径2.5cm，侧径1.8cm，坚果重11.8g，有光泽，茸毛密；边果半圆形；壳面光滑，颜色中等深，壳厚0.12（以两颊中心处壳厚为准）；平均核仁重4.9g，出仁率75%；核仁充实饱满，黄白色；核仁风味香甜；坚果淀粉含量56.7%，蛋白含量9.6%，涩皮难剥离。

4. 生物学习性

萌芽力强，发枝力强，新梢一年平均长30～50cm，生长势强。早实，开始结果年龄为3年，盛果期年龄5～15年；以长果枝结果为主，果台副梢抽生及连续结果能力较强，树冠外围结果；坐果力中等，生理落果少，采前落果中等，丰产，大小年显著，单株平均产量（盛果期）10kg。4月中旬萌芽，雄花盛开期为5月下旬，雌花盛开期为6月上中旬，雄花序凋落期为6月中旬，果实采收期为9月下旬，落叶期为11月下旬。

品种评价

植株对寒、旱、瘠、盐、风、日灼等恶劣环境有较强抵抗能力；对土壤、地势、栽培条件的要求不严格，不耐涝；坚果优质丰产；主要病虫害种类为桃蛀螟、栗绛蚧、栗瘿蜂、板栗炭疽病等；嫁接或实生繁殖。

植株

花

叶片

果实

果实

早熟红栗 2 号

Castanea mollissima Blume
'Zaoshuhongli 2'

调查编号：YINYLTSL122

所属树种：板栗 *Castanea mollissima* Blume

提 供 人：田寿乐
电　　话：13954895479
住　　址：山东省泰安市泰山区

调 查 人：尹燕雷
电　　话：0538-8334070
单　　位：山东省果树研究所

调查地点：山东省泰安市新泰县楼德镇东王庄村

地理数据：GPS数据（海拔：124m，经度：E117°19'33"，纬度：N35°54'38"）

样本类型：种子（果实）、叶、枝条

生境信息

来源于当地，生长于坡地，为原始林，土壤质地为砂壤土，种植年限10～20年，现存5株。

植物学信息

1. 植株情况

乔木，树势强，树姿开张，树形圆锥形；树高4.5m，冠幅东西4.1m、南北3.5m；干高0.6m，干周52cm；主干褐色；树皮块状裂，枝条中密。

2. 植物学特征

1年生枝黄绿色，中等长，中等粗，节间平均长1.3cm，平均粗0.2cm；嫩梢上茸毛少，白色；皮目平，近圆形；多年生枝褐色；混合芽三角形，与副芽位置贴近；叶长15.8cm、宽5.7cm，叶柄长1.8cm；小叶长卵圆形，叶色浓绿，叶尖急尖，叶缘粗锯齿；有中等长针刺；雄花序平均长5.7cm，雄花芽多，雄花数多，柱头黄绿色；果实圆形或椭圆形，果皮绿色，栗苞易脱离。

3. 果实性状

坚果椭圆形，纵径2.2cm，横径2.5cm，侧径1.8cm，坚果重10.2g，有光泽，无茸毛；边果半圆形，无明显筋线，底座中大不光滑；壳面光滑，中等深，壳厚0.12mm（以两颊中心处壳厚为准）；平均核仁重4.9g，出仁率75%；核仁充实饱满，黄白色；核仁风味香甜；坚果淀粉含量69.7%，蛋白含量7.4%，涩皮难剥离。

4. 生物学习性

萌芽力强，发枝力强，新梢一年平均长30～50cm，生长势强。早实，开始结果年龄为7年，盛果期年龄8～15年；以长果枝结果为主，果台副梢抽生及连续结果能力较强，树冠外围结果；坐果力强，生理落果中，采前落果中，丰产，大小年不显著，单株平均产量（盛果期）10kg。4月中旬萌芽，雄花盛开期为5月下旬，雌花盛开期为6月上中旬，雄花序凋落期为6月中旬，果实采收期为9月中旬，落叶期为11月下旬。

品种评价

植株对土壤、地势、栽培条件的要求不严格，不耐涝；主要病虫害种类为桃蛀螟、栗绛蚧、栗瘿蜂、板栗炭疽病、板栗皮疣枝枯病和缺素症等；嫁接或实生繁殖。该品种为红栗珍稀资源。

植株（开花时）

结果状

叶片

果实

果实

早熟泰栗 1 号

Castanea mollissima Blume 'Zaoshutaili 1'

○ 调查编号：YINYLTSL123

○ 所属树种：板栗 *Castanea mollissima* Blume

○ 提 供 人：田寿乐
电　　话：13954895479
住　　址：山东省泰安市泰山区

○ 调 查 人：尹燕雷
电　　话：0538-8334070
单　　位：山东省果树研究所

○ 调查地点：山东省泰安市大津口乡西启子村

○ 地理数据：GPS数据（海拔：411m，经度：E117°06'56"，纬度：N36°18'37"）

○ 样本类型：种子（果实）、叶、枝条

生境信息

来源于当地，生长于坡地，为原始林，土壤质地为砂壤土，种植年限10~20年，现存5株。

植物学信息

1. 植株情况

乔木，树势强，树姿开张，树形圆锥形；树高4.2m，冠幅东西3.9m、南北3.1m；干高0.5m，干周48cm；主干褐色；树皮块状裂，枝条中密。

2. 植物学特征

1年生枝黄绿色，中等长，中等粗，节间平均长0.3cm，平均粗0.2cm；嫩梢上茸毛少，白色；皮目平，近圆形；多年生枝褐色；混合芽三角形，与副芽位置贴近；叶长13.6cm、宽5.2cm，叶柄长1.3cm；小叶长卵圆形，叶色浓绿，叶尖急尖，叶缘粗锯齿；有中等长针刺；雄花序平均长5.4cm，雄花芽多，雄花数多，柱头黄绿色；果实圆形或椭圆形，果皮绿色，栗苞易脱离。

3. 果实性状

坚果椭圆形，纵径2.7cm，横径2.5cm，侧径2.1cm，坚果重16.4g，有光泽；边果半圆形；壳面光滑，颜色中等深，壳厚0.12mm（以两颊中心处壳厚为准）；平均核仁重4.7g，出仁率75%；核仁充实饱满，黄白色；核仁风味香甜；坚果淀粉含量69.7%，蛋白含量7.4%，涩皮难剥离。

4. 生物学习性

萌芽力强，发枝力强，新梢一年平均长30~50cm，生长势强。早实，开始结果年龄为7年，盛果期年龄8~15年；以长果枝结果为主，果台副梢抽生及连续结果能力较强，树冠外围结果；坐果力强，生理落果中，采前落果中，丰产，大小年不显著，单株平均产量（盛果期）15kg。4月上旬萌芽，雄花盛开期为5月下旬，雌花盛开期为6月上旬，雄花序凋落期为6月中旬，果实采收期为9月上旬，落叶期为11月下旬。

品种评价

植株对土壤、地势、栽培条件的要求不严格，不耐涝；坚果优质早熟；主要病虫害种类为桃蛀螟、栗绛蚧、栗瘿蜂；嫁接或实生繁殖。

植株

花

果实

果实

黄棚

Castanea mollissima Blume 'Huangpeng'

调查编号：YINYLTSL124

所属树种：板栗 *Castanea mollissima* Blume

提 供 人：田寿乐
电　　话：13954895479
住　　址：山东省泰安市泰山区

调 查 人：尹燕雷
电　　话：0538-8334070
单　　位：山东省果树研究所

调查地点：山东省泰安市大津口乡蒋家沟村

地理数据：GPS数据（海拔：399m，经度：E117°06'53"，纬度：N36°18'55"）

样本类型：种子（果实）、叶、枝条

生境信息

来源于当地，生长于坡地，为原始林，土壤质地为砂壤土，种植年限10～20年，现存5株。

植物学信息

1. 植株情况

乔木，树势强，树姿开张，树形圆锥形；树高4.7m，冠幅东西4.2m、南北3.3m；干高0.7m，干周51cm；主干褐色；树皮块状裂，枝条中密。

2. 植物学特征

1年生枝紫红色，中等长，中等粗，节间平均长0.3cm，平均粗0.2cm；嫩梢上茸毛少，白色；皮目平，近圆形；多年生枝褐色；混合芽三角形，与副芽位置贴近；叶长13.2cm、宽5.4cm，叶柄长1.1cm；小叶长卵圆形，叶色浓绿，叶尖急尖，叶缘粗锯齿；有中等长针刺；雄花序平均长5.2cm，雄花芽多，雄花数多，柱头黄绿色；果实圆形或椭圆形，果皮绿色，栗苞易脱离。

3. 果实性状

坚果椭圆形，纵径2.6cm，横径2.4cm，侧径2.1cm，坚果重10.8g，有光泽，无茸毛；边果半圆形；壳面光滑，颜色中等深，壳厚0.12mm（以两颊中心处壳厚为准）；核仁充实饱满，黄白色；核仁风味香甜；坚果淀粉含量57.4%，蛋白含量7.7%，涩皮难剥离。

4. 生物学习性

萌芽力强，发枝力强，新梢一年平均长30～50cm，生长势强。早实，开始结果年龄为3年，盛果期年龄5～15年；以长果枝结果为主，果台副梢抽生及连续结果能力较强，树冠外围结果；坐果力强，生理落果中，采前落果中，丰产，大小年不显著，单株平均产量（盛果期）12.5kg。4月中旬萌芽，雄花盛开期为5月下旬，雌花盛开期为6月上旬，雄花序凋落期为6月中旬，果实采收期为9月上旬，落叶期为11月上旬。

品种评价

植株抗旱，耐贫瘠；对土壤、地势、栽培条件的要求不严格，不耐涝；坚果优质丰产；嫁接或实生繁殖，每年修剪可有助于产量提高。

植株

花

结果状

果实

沭河大红袍

Castanea mollissima Blume
'Shuhedahongpao'

调查编号： YINYLTSL125

所属树种： 板栗 *Castanea mollissima* Blume

提 供 人： 田寿乐
电　　话： 13954895479
住　　址： 山东省泰安市泰山区

调 查 人： 尹燕雷
电　　话： 0538-8334070
单　　位： 山东省果树研究所

调查地点： 山东省临沂市莒南县洙边镇洙边村

地理数据： GPS数据（海拔：62m，经度：E118°51'36"，纬度：N35°05'27"）

样本类型： 种子（果实）、叶、枝条

生境信息

来源于当地，生长于坡地，为原始林，土壤质地为砂壤土，种植年限10～20年，现存5株。

植物学信息

1. 植株情况

乔木，树势强，树姿开张，树形圆锥形；树高4.8m，冠幅东西4.3m、南北3.5m；干高0.8m，干周53cm；主干褐色；树皮块状裂，枝条中密。

2. 植物学特征

1年生枝褐色，长度中，约30～50cm，节间平均长1.5cm；粗度中等，平均粗0.2cm；嫩梢上无茸毛，多年生枝灰褐色；叶长12.2cm、宽4.2cm，叶柄长0.8cm，叶长卵圆形，叶色浓绿，叶微尖，叶缘粗锯齿，有中等长针刺；雄花序平均长4.5cm，雄花芽多，雄花数多，柱头黄绿色；果实圆形或椭圆形，果皮绿色，栗苞易脱离。

3. 果实性状

坚果纵径2.5cm，横径2.3cm，侧径1.9cm，坚果重10.6g，有光泽；边果半圆形；壳面光滑，颜色中等深，壳厚0.12mm（以两颊中心处壳厚为准）；核仁充实饱满，黄白色；核仁风味香甜；坚果淀粉含量56.4%，蛋白含量7.5%，涩皮难剥离。

4. 生物学习性

萌芽力强，发枝力强，新梢一年平均长30～50cm，生长势强。早实，开始结果年龄为3年，盛果期年龄5～15年；以长果枝结果为主，果台副梢抽生及连续结果能力较强，树冠外围结果；坐果力强，生理落果中，采前落果中，丰产，大小年不显著，单株平均产量（盛果期）11.5kg。4月上旬萌芽，雄花盛开期为5月下旬，雌花盛开期为6月上旬，雄花序凋落期为6月中旬，果实采收期为9月上旬，落叶期为11月上旬。

品种评价

植株对寒、旱、瘠、盐、风、日灼等恶劣环境有较强抵抗能力；对土壤、地势、栽培条件的要求不严格，不耐涝；坚果优质丰产；主要病虫害种类为桃蛀螟、栗绛蚧、栗瘿蜂；嫁接或实生繁殖，每年修剪可有助于产量提高。

果实

生境

植株

花

沭河 11 号

Castanea mollissima Blume 'Shuhe 11'

调查编号：YINYLTSL127

所属树种：板栗 *Castanea mollissima* Blume

提 供 人：田寿乐
电　　话：13954895479
住　　址：山东省泰安市泰山区

调 查 人：尹燕雷
电　　话：0538-8334070
单　　位：山东省果树研究所

调查地点：山东省临沂市莒南县洙边镇洙边村

地理数据：GPS数据（海拔：62m，经度：E118°51'36"，纬度：N35°05'27"）

样本类型：种子（果实）、叶、枝条

生境信息

来源于当地，生长于坡地，为原始林，土壤质地为砂壤土，种植年限50～100年，现存50株。

植物学信息

1. 植株情况

乔木，树势强，树姿开张，树形圆锥形；树高4.6m，冠幅东西4.7m、南北3.9m；干高0.8m，干周55cm；主干褐色；树皮块状裂，枝条中密。

2. 植物学特征

1年生枝褐色，长度中，约17～30cm，节间平均长1.3cm；粗度中等，平均粗0.2cm；嫩梢上无茸毛，多年生枝灰褐色；叶长15.8cm、宽5.7cm，叶柄长1.8cm，叶长卵圆形，叶色浓绿，叶微尖，叶缘粗锯齿；雄花序平均长4.6cm，雄花芽多，雄花数多，柱头黄绿色；果实圆形或椭圆形，果皮绿色，栗苞易脱离。

3. 果实性状

坚果纵径2.4cm，横径2.3cm，侧径1.8cm，坚果重8.9g，有光泽；边果半圆形；壳面光滑，颜色中等深，壳厚0.12mm（以两颊中心处壳厚为准）；核仁充实饱满，黄白色；核仁风味香甜；坚果淀粉含量42.3%，蛋白含量6.2%，涩皮难剥离。

4. 生物学习性

萌芽力强，发枝力强，新梢一年平均长30～50cm，生长势强。早实，开始结果年龄为3年，盛果期年龄5～15年；以长果枝结果为主，果台副梢抽生及连续结果能力较强，树冠外围结果；坐果力强，生理落果中，采前落果中，产量中等，大小年显著，单株平均产量（盛果期）12.5kg。4月上旬萌芽，雄花盛开期为5月下旬，雌花盛开期为6月上旬，雄花序凋落期为6月中旬，果实采收期为9月上旬，落叶期为11月上旬。

品种评价

植株、对寒、旱、瘠、盐、风、日灼等恶劣环境有较强抵抗能力；对土壤、地势、栽培条件的要求不严格，不耐涝；主要病虫害种类为栗绛蚧、栗瘿蜂；嫁接或实生繁殖。

植株

叶片

花

果实

大公书 4 号

Castanea mollissima Blume 'Dagongshu 4'

調查編号： YINYLTSL128

所属树种： 板栗 *Castanea mollissima* Blume

提 供 人： 田寿乐
电　　话： 13954895479
住　　址： 山东省泰安市泰山区

調 查 人： 尹燕雷
电　　话： 0538-8334070
单　　位： 山东省果树研究所

調查地点： 山东省临沂市莒南县洙边镇镇洙边村

地理数据： GPS数据（海拔：62m，经度：E118°51'36"，纬度：N35°05'27"）

样本类型： 种子（果实）、叶、枝条

生境信息

来源于当地，生长于坡地，为原始林，土壤质地为砂壤土，种植年限50～100年，现存50株。

植物学信息

1. 植株情况

乔木，树势强，树姿开张，树形圆锥形；树高4.9m，冠幅东西4.8m、南北4.2m；干高1m，干周58cm；主干褐色；树皮块状裂，枝条中密。

2. 植物学特征

1年生枝褐色，长度中，约17～30cm，节间平均长1.3cm；粗度中等，平均粗0.2cm；嫩梢上无茸毛，多年生枝灰褐色；叶长12.7cm、宽4.8cm，叶柄长1.0cm，叶长卵圆形，叶色浓绿，叶微尖，叶缘粗锯齿；雄花序平均长4.4cm，雄花芽多，雄花数多，柱头黄绿色；果实圆形或椭圆形，果皮绿色，栗苞易脱离。

3. 果实性状

坚果纵径2.6cm，横径2.4cm，侧径1.9cm，坚果重8.5g，有光泽；边果半圆形；壳面光滑，颜色中等深，壳厚0.12mm（以两颊中心处壳厚为准）；核仁充实饱满，黄白色；核仁风味香甜；坚果淀粉含量35.8%，蛋白含量5.7%，涩皮难剥离。

4. 生物学习性

萌芽力强，发枝力强，新梢一年平均长30～50cm，生长势强。早实，开始结果年龄为3年，盛果期年龄5～15年；以长果枝结果为主，果台副梢抽生及连续结果能力较强，树冠外围结果；坐果力强，生理落果中，采前落果中，丰产，大小年不显著，单株平均产量（盛果期）12.5kg。4月上旬萌芽，雄花盛开期为5月下旬，雌花盛开期为6月上旬，雄花序凋落期为6月中旬，果实采收期为9月上旬，落叶期为11月上旬。

品种评价

植株抗旱，耐贫瘠，不耐涝，对寒、旱、瘠、盐、风、日灼等恶劣环境有较强抵抗能力；坚果优质丰产；主要病虫害种类为桃蛀螟、栗绛蚧、栗瘿蜂、板栗炭疽病；嫁接或实生繁殖；每年修剪可有助于产量提高。

生境

植株

花

果实

郯城 023

Castanea mollissima Blume 'Tancheng 023'

调查编号：YINYLTSL129

所属树种：板栗 *Castanea mollissima* Blume

提 供 人：田寿乐
电　　话：13954895479
住　　址：山东省泰安市泰山区

调 查 人：尹燕雷
电　　话：0538-8334070
单　　位：山东省果树研究所

调查地点：山东省临沂市郯城县郯城镇东庄村

地理数据：GPS数据（海拔：40m，经度：E118°20′57″，纬度：N34°37′29″）

样本类型：种子（果实）、叶、枝条

生境信息

来源于当地，生长于坡地，为原始林，土壤质地为砂壤土，种植年限50～100年，现存50株。

植物学信息

1. 植株情况

乔木，树势强，树姿开张，树形圆锥形；树高4.8m，冠幅东西4.6m、南北4.1m；干高0.8m，干周55cm；主干褐色；树皮丝状裂，枝条中密。

2. 植物学特征

1年生枝紫红色，长度中，节间平均长1.3cm；粗度中等，平均粗0.2cm；嫩梢上无茸毛，多年生枝灰褐色；叶长13.1cm、宽5.2cm，叶柄长1.1cm，叶长卵圆形，叶色浓绿，叶微尖，叶缘粗锯齿，有中等长针刺；雄花序平均长4.5cm，雄花芽多，雄花数多，柱头黄绿色；果实圆形或椭圆形，果皮绿色，栗苞易脱离。

3. 果实性状

坚果纵径2.6cm，横径2.4cm，侧径1.9cm，坚果重9.2g，有光泽；边果半圆形；壳面光滑，颜色中等深，壳厚0.12mm（以两颊中心处壳厚为准）；核仁充实饱满，黄白色；核仁风味香甜；坚果淀粉含量32.7%，蛋白含量5.5%，涩皮难剥离。

4. 生物学习性

萌芽力强，发枝力强，新梢一年平均长30～50cm，生长势强。晚实，开始结果年龄为7年，盛果期年龄8～15年；以长果枝结果为主，果台副梢抽生及连续结果能力较强，树冠外围结果；坐果力强，生理落果中，采前落果中，产量中等，大小年显著，单株平均产量（盛果期）90kg。4月上旬萌芽，雄花盛开期为5月下旬，雌花盛开期为6月上旬，雄花序凋落期为6月中旬，果实采收期为9月上旬，落叶期为11月上旬。

品种评价

植株抗旱，耐贫瘠，不耐涝；对土壤、地势、栽培条件不严格；主要病虫害种类为栗绛蚧、栗瘿蜂；嫁接或实生繁殖，每年修剪可有助于产量提高。

果实

生境

植株

叶片

海丰

Castanea mollissima Blume 'Haifeng'

调查编号：YINYLTSL130

所属树种：板栗 *Castanea mollissima* Blume

提 供 人：田寿乐
电　　话：13954895479
住　　址：山东省泰安市泰山区

调 查 人：尹燕雷
电　　话：0538-8334070
单　　位：山东省果树研究所

调查地点：山东省临沂市蒙阴县垛庄镇豆角峪村

地理数据：GPS数据（海拔：159m，经度：E118°09'29"，纬度：N35°32'43"）

样本类型：种子（果实）、叶、枝条

生境信息

来源于当地，生长于坡地，为原始林，土壤质地为砂壤土，种植年限50～100年，现存50株。

植物学信息

1. 植株情况

乔木，树势强，树姿开张，树形圆锥形；树高5.4m，冠幅东西4.8m、南北4.3m；干高0.9m，干周57cm；主干褐色；树皮丝状裂，枝条中密。

2. 植物学特征

1年生枝紫红色，长度中，节间平均长1.3cm；粗度中等，平均粗0.2cm；嫩梢上无茸毛，多年生枝灰褐色；叶长19.5cm、宽9.4cm，叶柄长2.1cm，叶长卵圆形，叶色浓绿，叶微尖，叶缘粗锯齿，有中等长针刺；雄花序平均长4.3cm，雄花芽多，雄花数多，柱头黄绿色；果实圆形或椭圆形，果皮绿色，栗苞易脱离。

3. 果实性状

坚果纵径2.7cm，横径2.5cm，侧径1.9cm，坚果重8.4g，有光泽；边果半圆形；壳面光滑，颜色中等深，壳厚0.12mm（以两颗中心处壳厚为准）；核仁充实饱满，黄白色；核仁风味香甜；坚果淀粉含量56.7%，坚果蛋白含量9.12%，涩皮易剥离。

4. 生物学习性

萌芽力强，发枝力强，新梢一年平均长30～50cm，生长势强。晚实，开始结果年龄为7年，盛果期年龄8～15年；以长果枝结果为主，果台副梢抽生及连续结果能力较强，树冠外围结果；坐果力强，生理落果中，采前落果中，产量中等，丰产，大小年显著，单株平均产量（盛果期）14kg。4月上旬萌芽，雄花盛开期为5月下旬，雌花盛开期为6月上旬，雄花序凋落期为6月中旬，果实采收期为9月上旬，落叶期为11月上旬。

品种评价

植株抗旱，耐贫瘠，不耐涝，对寒、旱、瘠、盐、风、日灼等恶劣环境有较强抵抗能力；坚果丰产优质；主要病虫害种类为栗绛蚧、栗瘿蜂、板栗炭疽病；嫁接或实生繁殖。

生境

花

植株

果实

独路1号

Castanea mollissima Blume 'Dulu 1'

调查编号：YINYLZF138

所属树种：板栗 *Castanea mollissima* Blume

提 供 人：朱峰
电　　话：18663419540
住　　址：山东省莱芜市莱城区林业局

调 查 人：尹燕雷
电　　话：0538-8334070
单　　位：山东省果树研究所

调查地点：山东省莱芜市莱城区大王庄镇独路村

地理数据：GPS数据（海拔：623m，经度：E117°14'10"，纬度：N36°15'27"）

样本类型：种子（果实）、叶、枝条

生境信息

来源于当地，生长于坡地，为原始林，土壤质地为砂壤土，种植年限1000年，现存1000株。

植物学信息

1. 植株情况

乔木，树势强，树姿开张，树形圆锥形；树高7.2m，冠幅东西6.8m、南北6.3m；干高1.2m，干周75cm；主干褐色；树皮丝状裂，枝条中密。

2. 植物学特征

1年生枝紫红色，长度中，节间平均长0.3cm；粗度中等，平均粗0.2cm；嫩梢上无茸毛，多年生枝灰褐色；叶长15.3cm、宽6.2cm，叶柄长2.2cm，叶长卵圆形，叶色浓绿，叶微尖，叶缘粗锯齿，有中等长针刺；雄花序平均长4.8cm，雄花芽多，雄花数多，柱头黄绿色；果实圆形或椭圆形，果皮绿色，栗苞易脱离。

3. 果实性状

坚果纵径3.2cm，横径2.9cm，侧径2.7cm，坚果重17.5g，有光泽；边果半圆形；壳面光滑，颜色中等深，壳厚0.12mm（以两颊中心处壳厚为准）；平均仁重5.6g，核仁充实饱满，黄白色；核仁风味香甜；坚果淀粉含量34.8%，坚果蛋白含量5.9%，涩皮易剥离。

4. 生物学习性

萌芽力强，发枝力强，新梢一年平均长30~50cm，生长势强。晚实，开始结果年龄为7年，盛果期年龄8~15年；以长果枝结果为主，果台副梢抽生及连续结果能力较强，树冠外围结果；坐果力强，生理落果中，采前落果中，产量中等，丰产，大小年显著，单株平均产量（盛果期）90kg。4月上旬萌芽，雄花盛开期为5月下旬，雌花盛开期为6月上旬，雄花序凋落期为6月中旬，果实采收期为9月上旬，落叶期为11月上旬。

品种评价

植株对寒、旱、瘠、盐、风、日灼等恶劣环境有较强抵抗能力；对土壤、地势、栽培条件的要求不严格；坚果丰产；嫁接或实生繁殖，每年修剪可有助于产量提高。

生境

植株

花

果实

乳山短枝

Castanea mollissima Blume 'Rushanduanzhi'

- 调查编号：YINYLTSL134

- 所属树种：板栗 *Castanea mollissima* Blume

- 提 供 人：田寿乐
  电　　话：13954895479
  住　　址：山东省泰安市泰山区

- 调 查 人：尹燕雷
  电　　话：0538-8334070
  单　　位：山东省果树研究所

- 调查地点：山东省乳山市崖子镇转山头村

- 地理数据：GPS数据（海拔：63m，经度：E121°15'12"，纬度：N37°02'49"）

- 样本类型：种子（果实）、叶、枝条

生境信息

来源于当地，生长于坡地，为原始林，土壤质地为砂壤土，种植年限50～100年。

植物学信息

1. 植株情况

乔木，树势强，树姿开张，树形圆锥形；树高5.3m，冠幅东西4.5m、南北4.1m；干高0.9m，干周53cm；主干褐色；树皮丝状裂，枝条中密。

2. 植物学特征

1年生枝紫红色，长度中，节间平均长0.5cm；粗度中等，平均粗0.2cm；嫩梢上无茸毛，多年生枝灰褐色；叶长12.2cm，叶宽4.5cm，叶柄长0.8cm，叶长卵圆形，叶色浓绿，叶微尖，叶缘粗锯齿，有中等长针刺；雄花序平均长3.5cm，雄花芽多，雄花数多，柱头黄绿色；果实圆形或椭圆形，果皮绿色，栗苞易脱离。

3. 果实性状

坚果纵径2.4cm，横径2.5cm，侧径1.9cm，坚果重7.4g，有光泽；边果半圆形；壳面光滑，颜色中等深，壳厚0.12mm（以两颗中心处壳厚为准）；平均仁重3.5g，核仁充实饱满，黄白色；核仁风味香甜；坚果淀粉含量32.1%，坚果蛋白含量5.1%，涩皮难剥离。

4. 生物学习性

萌芽力强，发枝力强，新梢一年平均长30～50cm，生长势强。晚实，开始结果年龄为7年，盛果期年龄8～15年；以长果枝结果为主，果台副梢抽生及连续结果能力较强，树冠外围结果；坐果力中等，生理落果少，采前落果多，产量中等，丰产，大小年显著，单株平均产量（盛果期）90kg。4月上旬萌芽，雄花盛开期为5月下旬，雌花盛开期为6月上旬，雄花序凋落期为6月中旬，果实采收期为9月中旬，落叶期为11月上旬。

品种评价

植株抗旱，耐贫瘠，对寒、旱、瘠、盐、风、日灼等恶劣环境有较强抵抗能力坚果丰产；主要病虫害种类为栗瘿蜂、板栗炭疽病、板栗皮疣枝枯病等；嫁接或实生繁殖，每年修剪可有助于产量提高。为短枝栗珍稀资源。

植株

花

叶片

果实

鲁水 1 号

Castanea mollissima Blume 'Lushui 1'

📋 调查编号：FANGJGLXL005

🏷 所属树种：板栗 *Castanea mollissima* Blume

📄 提 供 人：廖基杰
电　　话：15777374519
住　　址：广西壮族自治区桂林市全州县两河乡鲁水村10队

📇 调 查 人：李贤良
电　　话：13978358920
单　　位：广西特色作物研究院

📍 调查地点：广西壮族自治区桂林市全州县两河乡鲁水村10队

🌐 地理数据：GPS数据（海拔：330m，经度：E111°07'37"，纬度：N25°41'59"）

🖼 样本类型：枝条

🗒 生境信息

来源于当地，生长于旷野中的坡地，该土地为人工林，土壤质地为砂壤土。种植年限为80年，现存1株。

📇 植物学信息

1. 植株情况

乔木，树势强，树姿开张，树冠圆头形，结构紧凑。树高5.0m，冠幅东西5.2m、南北5cm；干高0.7m，干周45cm，主干灰色，皮块状裂，枝条密度中等。

2. 植物学特征

1年生枝黄绿色，中等长，中等粗，平均节间长2.1cm；嫩梢上茸毛中等，白色；多年生枝灰褐色；混合芽贴近副芽位置；小叶长14.5cm、宽3.1cm，单叶椭圆形，叶色浓绿，叶尖急尖，叶缘粗锯齿；雄花序长15cm，雄花芽多，雄花数量中等，柱头黄绿色；果实圆形或椭圆形，栗苞绿色、厚、易脱离。

3. 果实性状

坚果椭圆形，纵径1.8cm，横径2.2cm，侧径1.7cm，坚果重7.7g，有光泽，有茸毛，边果半圆形，底座不光滑；壳面光滑，颜色中等，壳厚度0.14mm（以两颊中心处的壳厚为准）；平均核仁重5.6g，核仁充实饱满，黄白色；核仁风味香甜；涩皮难剥离。

4. 生物学习性

萌芽力强，发枝力强，新梢一年平均长21cm，生长势强。晚实，开始结果年龄为第8年，盛果期年龄10～15年；以长中果枝结果为主，果台副梢抽生及连续结果能力强，多在树冠外围结果；坐果力中等，生理落果少，采前落果少，产量中等，大小年显著。4月上旬萌芽，雄花盛开期为6月上旬，雌花盛开期为6月上旬，雄花序凋落期为6月中下旬，果实采收期为9月上旬，落叶期为11月上旬。

📖 品种评价

坚果优质可食用，果偏小；实生或嫁接繁殖，修剪反应弱。

植株

雄花

枝条

结果状

果实

浪湾1号

Castanea mollissima Blume 'Langwan 1'

调查编号： FANGJGLXL016

所属树种： 板栗 *Castanea mollissima* Blume

提 供 人： 陈允资
电　　话： 13877642570
住　　址： 广西壮族自治区南宁市隆安县那桐镇浪湾村

调 查 人： 李贤良
电　　话： 13978358920
单　　位： 广西特色作物研究院

调查地点： 广西壮族自治区南宁市隆安县那桐镇浪湾村

地理数据： GPS数据（海拔：340m，经度：E107°52'33"，纬度：N23°03'26"）

样本类型： 枝条

生境信息

来源于当地，生长于旷野的平地，该土地为人工林，土壤质地为砂壤土。

植物学信息

1. 植株情况

乔木，树势中等，树姿开张，树冠圆头形，树高2.0m，冠幅东西1.5m、南北1.7m；干高0.5m，干周15cm，主干灰色，皮块状裂，枝条密度疏。

2. 植物学特征

1年生枝黄绿色，枝条短而细，节间平均长1.1cm，平均粗0.2cm；嫩梢上茸毛中等，白色；多年生枝灰褐色；混合芽贴近副芽位置；小叶长13.5cm、宽2.7cm，长卵圆，叶柄长0.5cm；叶色绿，叶尖急尖，叶缘粗锯齿；有雄花序长12cm，雄花芽多，雄花数量中等，果实圆形，栗苞绿色。

3. 果实性状

坚果椭圆形，纵径1.7cm，横径2.0cm，侧径1.7cm，坚果重7.9g，有光泽，有茸毛，边果半圆形，壳面光滑，颜色中等，壳厚度0.16mm（以两颊中心处的壳厚为准）；平均核仁重6.7g；核仁充实饱满，黄白色；核仁风味香甜；涩皮难剥离。

4. 生物学习性

萌芽力强，发枝力强，新梢一年平均长22cm，生长势强。早实，开始结果年龄为第4年，盛果期年龄10年；以长果枝结果为主，果台副梢抽生及连续结果能力强，多在树冠外围结果；坐果力强，生理落果少，采前落果少，产量中等，大小年显著。4月上旬萌芽，雄花盛开期为6月上旬，雌花盛开期为6月上旬，雄花序凋落期为6月中下旬，果实采收期为9月上旬，落叶期为11月下旬。

品种评价

植株抗旱，耐贫瘠，对寒、旱、瘠、盐、风、日灼等恶劣环境抵抗能力强；对土壤、地势、栽培条件的要求不严格；主要病虫害种类为栗珊毒蛾、栗链蚧；实生或嫁接繁殖。

生境

植株

叶片

枝条

花

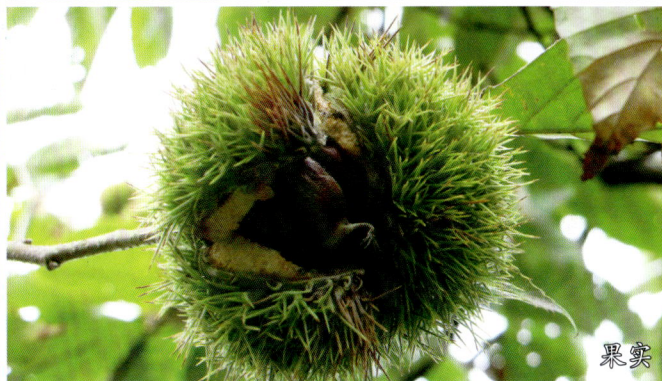

果实

浪湾 2 号

Castanea mollissima Blume 'Langwan 2'

调查编号：FANGJGLXL017

所属树种：板栗 *Castanea mollissima* Blume

提 供 人：陈允资
电　　话：13877642570
住　　址：广西壮族自治区南宁市隆安县那桐镇浪湾村

调 查 人：李贤良
电　　话：13978358920
单　　位：广西特色作物研究院

调查地点：广西壮族自治区南宁市隆安县那桐镇浪湾村

地理数据：GPS数据（海拔：340m，经度：E107°52'33"，纬度：N23°03'26"）

样本类型：枝条

生境信息

来源于当地，最大树龄60年，生长于旷野中坡地，该土地为人工林，土壤质地为砂壤土。

植物学信息

1. 植株情况

乔木，树势中等，树姿半开张，树冠半圆形。树高7.5m，冠幅东西6.5m、南北7.0m；干高1.0m，干周78cm，主干褐色，皮块状裂，枝条密度中等。

2. 植物学特征

1年生枝黄绿色，中等长而细，节间平均长2.3cm；嫩梢上茸毛中等，白色；多年生枝灰褐色；混合芽贴近副芽位置；小叶长16.5cm、宽3.3cm；小叶卵圆形，叶色绿，叶尖急尖，叶缘粗锯齿；雄花序长16cm，雄花芽中等多，雄花数量中等；果实圆形，栗苞绿色。

3. 果实性状

坚果椭圆形，纵径2.1cm，横径1.8cm，侧径1.9cm，坚果重9.9g，有光泽，茸毛稀，边果半圆形，壳面光滑，颜色中等，壳厚度0.16mm（以两颊中心处的壳厚为准）；平均核仁重8.6；核仁充实饱满，黄白色；核仁风味香甜；涩皮难剥离。

4. 生物学习性

萌芽力强，发枝力强，新梢一年平均长25cm，生长势强。晚实，开始结果年龄为第8年，盛果期年龄9～16年；以长中果枝结果为主，果台副梢抽生及连续结果能力强，多在树冠外围结果；坐果力中等，生理落果少，采前落果多，产量中等，大小年显著。4月上旬萌芽，雄花盛开期为6月上旬，雌花盛开期为6月上中旬，雄花序凋落期为6月中下旬，果实采收期为9月中旬，落叶期为11月上旬。

品种评价

植株抗旱，耐贫瘠，对寒、旱、瘠、盐、风、日灼等恶劣环境抵抗能力强；对土壤、地势、栽培条件的要求不严格；实生或嫁接繁殖，注意修剪。

生境

植株

叶片

枝条

花

果实

思力沟 1 号

Castanea mollissima Blume 'Siligou 1'

调查编号： FANGJGLXL020

所属树种： 板栗 *Castanea mollissima* Blume

提 供 人： 左桂香
电　　话： 13877659861
住　　址： 广西壮族自治区百色市凌云县泗城镇陇照村思力沟屯

调 查 人： 李贤良
电　　话： 13978358920
单　　位： 广西特色作物研究院

调查地点： 广西壮族自治区百色市凌云县泗城镇陇照村思力沟屯

地理数据： GPS数据（海拔：350m，经度：E106°37'04"，纬度：N24°22'01"）

样本类型： 枝条

生境信息

来源于当地，生长于旷野中坡地，该土地为人工林，土壤质地为砂壤土，种植年限20年，现存1株。

植物学信息

1. 植株情况

乔木，树势中等，树姿半开张，树冠半圆形。树高4.5m，冠幅东西3m、南北3.7m；干高1.2m，干周57cm，主干褐色，皮块状裂，枝条密度中等。

2. 植物学特征

1年生枝黄绿色，中等长而细，节间平均长2.0cm；嫩梢上茸毛中等，白色；多年生枝灰褐色；混合芽贴近副芽位置；小叶叶长15.5cm、宽3.0cm；单叶卵圆形，叶色浓绿，叶尖急尖，叶缘粗锯齿；雄花序长12cm，雄花芽多，雄花数量中等；果实圆形，栗苞绿色。

3. 果实性状

坚果椭圆形，纵径1.9cm，横径1.7cm，侧径1.8cm，坚果重6.8g，果有光泽，有茸毛，边果半圆形，壳面光滑，颜色中等；壳厚度0.14mm（以两颊中心处的壳厚为准）；平均核仁重5.7g，核仁充实饱满，黄白色；核仁风味香甜，涩皮难剥离。

4. 生物学习性

萌芽力强，发枝力强，新梢一年平均长21cm，生长势强。晚实，开始结果年龄为第7年，盛果期年龄9～16年；以长中果枝结果为主，果台副梢抽生及连续结果能力强，多在树冠外围结果；坐果力中等，生理落果少，采前落果多，产量中等，大小年显著。4月上旬萌芽，雄花盛开期为6月上旬，雌花盛开期为6月上旬，雄花序凋落期为6月中旬，果实采收期为9月中下旬，落叶期为11月下旬。

品种评价

植株抗旱，耐贫瘠，对寒、旱、瘠、盐、风、日灼等恶劣环境抵抗能力强；对土壤、地势、栽培条件的要求不严格；实生或嫁接繁殖。

生境

叶片

植株

枝条

花

果实

右江 1 号

Castanea henryi
（Skan）Rehd. et Wils. 'Youjiang 1'

调查编号：FANGJGLXL065

所属树种：锥栗 *Castanea henryi* (Skan) Rehd. et Wils.

提 供 人：刘时永
电　　话：13768711743
住　　址：广西壮族自治区桂林市灵川县大境乡右江自然村

调 查 人：李贤良
电　　话：13978358920
单　　位：广西特色作物研究院

调查地点：广西壮族自治区桂林市灵川县大境乡右江自然村

地理数据：GPS数据（海拔：768m，经度：E110°37'58"，纬度：N25°12'48"）

样本类型：种子、枝条

生境信息

来源于当地，生长于坡地，该土地为原始，土壤质地为砂壤土。种植年限70年，现存1株。

植物学信息

1. 植株情况

乔木，树势强，树姿半开张，树冠圆锥形。树高18m，冠幅东西12m、南北14m；干高4.1m，干周126cm，主干褐色，皮块状裂，枝条密。

2. 植物学特征

1年生枝黄绿色，短而细，节间平均长1.4cm；嫩梢上茸毛中等，白色；多年生枝褐色；混合芽贴近副芽位置；小叶长12.5cm、宽2.1cm，卵圆形，叶色浓绿，叶尖急尖，叶缘粗锯齿；雄花序长9.2cm，雄花芽多，雄花数量中等，果实圆形，栗苞淡绿色。

3. 果实性状

坚果圆锥形，纵径1.9cm，横径1.7cm，侧径1.8cm，坚果重7.8g，有光泽，果顶有茸毛，壳面光滑，颜色中等，壳厚度0.15mm（以两颊中心处的壳厚为准）；平均核仁重5.9g，核仁充实饱满，黄白色；核仁细嫩香甜；坚果淀粉含量68.5%，涩皮难剥离。

4. 生物学习性

萌芽力强，发枝力强，新梢一年平均长21cm，生长势强。早实，开始结果年龄为第2年，盛果期年龄5～8年；以中短果枝结果为主，多在树冠外围结果；坐果力强，生理落果少，采前落果多，产量低，大小年不显著。4月上旬萌芽，雄花盛开期为6月上旬，雌花盛开期为6月中上旬，雄花序凋落期为6月下旬，果实采收期为9月中下旬，落叶期为11月下旬。

品种评价

植株抗旱，耐贫瘠，对寒、旱、瘠、盐、风、日灼等恶劣环境抵抗能力强；对土壤、地势、栽培条件的要求不严格；连续结果能力强；实生或嫁接繁殖。

生境

植株

枝叶

果实

果实

右江2号

Castanea henryi
（Skan）Rehd. et Wils. 'Youjiang 2'

调查编号： FANGJGLXL066

所属树种： 锥栗 *Castanea henryi* (Skan) Rehd. et Wils.

提 供 人： 刘时永
电　　话： 13768711743
住　　址： 广西壮族自治区桂林市灵川县大境乡右江自然村

调 查 人： 李贤良
电　　话： 13978358920
单　　位： 广西特色作物研究院

调查地点： 广西壮族自治区桂林市灵川县大境乡右江自然村

地理数据： GPS数据（海拔：768m，经度：E110°37'58"，纬度：N25°12'48"）

样本类型： 种子、枝条

生境信息

来源于当地，生长于旷野中坡地，该土地为原始，土壤质地为砂壤土，种植年限70年，现存1株。

植物学信息

1. 植株情况

乔木，树势强，树姿开张，树冠圆锥形。树高17m，冠幅东西13m、南北12m；干高3.5cm，干周127cm，主干褐色，皮块状裂，枝条密。

2. 植物学特征

1年生枝黄绿色，短而细，节间平均长1.5cm；嫩梢上茸毛中等，白色；多年生枝灰褐色；混合芽贴近副芽位置；小叶长12.8cm、宽2.0cm，单叶卵圆形，叶色浓绿，叶尖急尖，叶缘粗锯齿；雄花序长9.5cm，雄花芽多，雄花数量多，果实圆形，栗苞淡绿色。

3. 果实性状

坚果圆锥形，纵径1.9cm，横径1.8cm，侧径1.9cm，坚果重7.9g，有光泽，果顶有茸毛，壳面光滑，颜色中等，壳厚度0.15mm（以两颊中心处的壳厚为准）；平均核仁重6.7g，出仁率39.16%；核仁充实饱满，黄白色；核仁细嫩香甜；坚果淀粉含量64.6%，涩皮难剥离。

4. 生物学习性

萌芽力强，发枝力强，新梢一年平均长22cm，生长势中等。早实，开始结果年龄为第2年，盛果期年龄5～8年；以中短果枝结果为主，多在树冠外围结果；坐果力强，生理落果少，采前落果多，产量低，大小年不显著。4月上旬萌芽，雄花盛开期为6月上旬，雌花盛开期为6月上中旬，雄花序凋落期为6月中下旬，果实采收期为9月中下旬，落叶期为11月下旬。

品种评价

植株抗旱，耐贫瘠，对寒、旱、瘠、盐、风、日灼等恶劣环境抵抗能力强；对土壤、地势、栽培条件的要求不严格；连续结果能力强，实生或嫁接繁殖。

生境

叶片

果实

植株

果实

右江3号

Castanea henryi
(Skan) Rehd. et Wils. 'Youjiang 3'

○ 调查编号：FANGJGLXL068

○ 所属树种：锥栗 *Castanea henryi*
(Skan) Rehd. et Wils.

○ 提 供 人：刘时永
电　　话：13768711743
住　　址：广西壮族自治区桂林市灵
川县大境乡右江自然村

○ 调 查 人：李贤良
电　　话：13978358920
单　　位：广西特色作物研究院

○ 调查地点：广西壮族自治区桂林市灵
川县大境乡右江自然村

○ 地理数据：GPS数据（海拔：768m，
经度：E110°37'58"，纬度：N25°12'48"）

○ 样本类型：种子、枝条

生境信息

来源于当地，生长于旷野中坡地，该土地为原始，土壤质地为砂壤土，种植年限60年，现存1株。

植物学信息

1. 植株情况

乔木，树势强，树姿开张，树冠圆锥形。树高19m，冠幅东西12m、南北13m；干高3.8cm，干周135cm，主干褐色，皮块状裂，枝条密。

2. 植物学特征

1年生枝黄绿色，短而细，节间平均长1.6cm；嫩梢上茸毛中等，白色；多年生枝褐色；小叶长12.5cm、宽2.7cm，卵圆形，叶色绿，叶尖急尖，叶缘粗锯齿；雄花序长10.3cm，雄花芽多，雄花数量多，果实圆形，栗苞淡绿色。

3. 果实性状

坚果圆锥圆形，纵径2.0cm，横径1.8cm，坚果重6.5g，有光泽，果顶有茸毛，壳面光滑，颜色中等，壳厚度0.15mm（以两颊中心处的壳厚为准）；平均核仁重5.4g；核仁充实饱满，黄白色；核仁细嫩香甜；涩皮难剥离。

4. 生物学习性

萌芽力强，发枝力强，新梢一年平均长20cm，生长势中等。早实，开始结果年龄为第3年，盛果期年龄6～10年；以长中果枝结果为主，多在树冠外围结果；坐果力强，生理落果少，采前落果多，产量低，大小年不显著。4月上旬萌芽，雄花盛开期为6月上中旬，雌花盛开期为6月上中旬，雄花序凋落期为6月下旬，果实采收期为9月下旬，落叶期为11月下旬。

品种评价

植株抗旱对寒、旱、瘠、盐、风、日灼等恶劣环境抵抗能力强；对土壤、地势、栽培条件的要求不严格；连续结果能力强，实生或嫁接繁殖。

生境

枝叶

果实

植株

果实

右江 4 号

Castanea henryi
（Skan）Rehd. et Wils. 'Youjiang 4'

调查编号：FANGJGLXL069

所属树种：锥栗 *Castanea henryi* (Skan) Rehd. et Wils.

提 供 人：刘时永
电　　话：13768711743
住　　址：广西壮族自治区桂林市灵川县大境乡右江自然村

调 查 人：李贤良
电　　话：13978358920
单　　位：广西特色作物研究院

调查地点：广西壮族自治区桂林市灵川县大境乡右江自然村

地理数据：GPS数据（海拔：782m，经度：E110°37′58″，纬度：N25°12′49″）

样本类型：种子、枝条

生境信息

来源于当地，生长于旷野坡地，该土地为原始，土壤质地为砂壤土，种植年限80年，现存1株。

植物学信息

1. 植株情况

乔木，树势强，树姿开张，树冠圆锥形。树高20m，冠幅东西14m、南北16m；干高3.7cm，干周159cm，主干褐色，皮块状裂，枝条密。

2. 植物学特征

1年生枝绿色，中等长，枝条细，节间平均长1.7cm；嫩梢上茸毛中等，白色；多年生枝灰褐色；混合芽贴近副芽位置；小叶长13.8cm、宽2.2cm，卵圆形，叶色浓绿，叶尖急尖，叶缘粗锯齿；雄花序长10.5cm，雄花芽多，雄花数量中等；果实圆形，栗苞绿色。

3. 果实性状

坚果圆锥形，纵径2.0cm，横径1.7m，坚果重8.3g，有光泽，果顶有茸毛，壳面光滑，颜色中等；壳厚度0.17mm（以两颊中心处的壳厚为准）；平均核仁重6.9g，核仁充实饱满，黄白色；核仁细嫩香甜；坚果淀粉含量60.3%，涩皮难剥离。

4. 生物学习性

萌芽力强，发枝力强，新梢一年平均长23cm，生长势强。早实，开始结果年龄为第4年，盛果期年龄8～10年；以中短果枝结果为主，多在树冠外围结果；坐果力强，生理落果少，采前落果多，产量中等，大小年不显著。4月上旬萌芽，雄花盛开期为6月上旬，雌花盛开期为6月上中旬，雄花序凋落期为6月下旬，果实采收期为9月中旬，落叶期为11月下旬。

品种评价

植株抗旱耐瘠薄，对寒、旱、瘠、盐、风、日灼等恶劣环境抵抗能力强；对土壤、地势、栽培条件的要求不严格；连续结果能力强，实生或嫁接繁殖。

植株

生境

枝叶

果实

果实

右江 5 号

Castanea henryi
（Skan）Rehd. et Wils. 'Youjiang 5'

调查编号：FANGJGLXL070

所属树种：锥栗 *Castanea henryi* (Skan) Rehd. et Wils.

提 供 人：刘时忠
电　　话：13481335347
住　　址：广西壮族自治区桂林市灵川县大境乡右江自然村

调 查 人：李贤良
电　　话：13978358920
单　　位：广西特色作物研究院

调查地点：广西壮族自治区桂林市灵川县大境乡右江自然村

地理数据：GPS数据（海拔：734m，经度：E110°37'59"，纬度：N25°12'44"）

样本类型：种子、枝条

生境信息

来源于当地，生长于旷野中的，与竹伴行坡地，该土地为原始，土壤质地为砂壤土，种植年限60年，现存1株。

植物学信息

1. 植株情况

乔木，树势强，树姿开张，树冠半圆锥形。树高19m，冠幅东西12m、南北10m；干高4.4cm，干周137cm，主干褐色，皮块状裂，枝条密度中等。

2. 植物学特征

1年生枝黄绿色，中等长而细，节间平均长1.7cm；嫩梢上茸毛中等，白色；多年生枝灰褐色；混合芽贴近副芽位置；小叶长13.2cm、宽2.3cm；叶卵圆形，叶色浓绿，叶尖急尖，叶缘粗锯齿；雄花序长10.2cm，雄花芽多，雄花数量多；果实圆形，栗苞淡绿色。

3. 果实性状

坚果圆锥形，纵径1.9cm，横径1.6cm，坚果重6.9g，有光泽，果顶有茸毛；壳面光滑，颜色中等；壳厚0.15mm（以两颊中心处的壳厚为准）；平均核仁重5.6g，核仁充实饱满，黄白色；核仁细嫩香甜；涩皮难剥离。

4. 生物学习性

萌芽力强，发枝力强，新梢一年平均长24cm，生长势强。早实，开始结果年龄为第4年，盛果期年龄8~10年；以中短果枝结果为主，多在树冠外围结果；坐果力强，生理落果少，采前落果多，产量中等，大小年不显著。4月上旬萌芽，雄花盛开期为6月上旬，雌花盛开期为6月上中旬，雄花序凋落期为6月下旬，果实采收期为9月下旬，落叶期为11月下旬。

品种评价

植株抗旱，耐瘠薄，对寒、旱、瘠、盐、风、日灼等恶劣环境抵抗能力强；对土壤、地势、栽培条件的要求不严格；连续结果能力强，实生或嫁接繁殖。

生境

植株

枝叶

果实

果实

右江6号

Castanea henryi
（Skan）Rehd. et Wils.'Youjiang 6'

调查编号：FANGJGLXL071

所属树种：锥栗 *Castanea henryi*
(Skan) Rehd. et Wils.

提 供 人：刘时忠
电　　话：13481335347
住　　址：广西壮族自治区桂林市灵
　　　　　川县大境乡右江自然村

调 查 人：李贤良
电　　话：13978358920
单　　位：广西特色作物研究院

调查地点：广西壮族自治区桂林市灵
　　　　　川县大境乡右江自然村

地理数据：GPS数据（海拔：730m,
　　　　　经度：E110°37′59″，纬度：N25°12′43″）

样本类型：种子、枝条

生境信息

来源于当地，生长于旷野中的坡地，该土地为原始，土壤质地为砂壤土，种植年限20年，现存1株。

植物学信息

1. 植株情况

乔木，树势弱，树姿半开张，树冠圆锥形。树高6m，冠幅东西3.3m、南北3.5m；干高2.1m，干周79cm，主干灰褐色，皮块状裂，枝条密度疏。

2. 植物学特征

1年生枝黄绿色，中等长而细，节间平均长1.5cm；嫩梢上茸毛中等，白色；多年生枝灰褐色；混合芽贴近副芽位置；小叶长12.2cm、宽2.2cm，卵圆形，叶色浓绿，叶尖急尖，叶缘粗锯齿；雄花序长9.2cm，雄花芽中等多，雄花数量中等；果实圆形，栗苞绿色。

3. 果实性状

坚果圆锥形，纵径1.8cm，横径1.6cm，坚果重5.7g，有光泽，果顶有茸毛，壳面光滑，颜色中等；壳厚度0.15mm（以两颗中心处的壳厚为准）；平均核仁重5.0g；核仁充实饱满，黄白色；核仁细嫩香甜；涩皮难剥离。

4. 生物学习性

萌芽力强，发枝力强，新梢一年平均长20cm，生长势弱。早实，开始结果年龄为第4年，盛果期年龄8～10年；以长短果枝结果为主，多在树冠外围结果；坐果力强，生理落果少，采前落果多，产量低，大小年显著。4月上旬萌芽，雄花盛开期为6月上旬，雌花盛开期为6月上中旬，雄花序凋落期为6月下旬，果实采收期为9月中下旬，落叶期为11月下旬。

品种评价

植株抗旱，耐瘠薄，抗病虫性强，对寒、旱、瘠、盐、风、日灼等恶劣环境抵抗能力强；对土壤、地势、栽培条件的要求不严格；实生或嫁接繁殖。

大生境

植株

小生境

叶片

果实

右江 7 号

Castanea henryi
(Skan) Rehd. et Wils. 'Youjiang 7'

調查編号： FANGJGLXL072

所屬樹種： 锥栗 *Castanea henryi*
(Skan) Rehd. et Wils.

提 供 人： 刘时忠
电　　话： 13481335347
住　　址： 广西壮族自治区桂林市灵
川县大境乡右江自然村

調 查 人： 李贤良
电　　话： 13978358920
单　　位： 广西特色作物研究院

調查地点： 广西壮族自治区桂林市
灵川县大境乡右江自然村

地理数据： GPS数据（海拔：729m，
经度：E110°37'58"，纬度：N25°12'43"）

样本类型： 种子、枝条

生境信息

来源于当地，生长于旷野中的，与竹伴生坡地，该土地为原始林，土壤质地为砂壤土，种植年限20年，现存1株。

植物学信息

1. 植株情况

乔木，树势弱，树姿半开张，树冠圆锥形。树高5m，冠幅东西3.3m、南北2.8m；干高2.2m，干周35cm，主干褐色，皮块状裂，枝条密度疏。

2. 植物学特征

1年生枝黄绿色，中等长，节间平均长1.6cm；嫩梢上茸毛中等，白色；多年生枝灰褐色；混合芽贴近副芽位置；小叶长13.8cm、宽2.5cm，叶柄长1.8cm；单叶卵圆形，叶色绿，叶尖急尖，叶缘粗锯齿；雄花序长9.5cm，雄花芽多，雄花数量多；果实圆形，栗苞绿色。

3. 果实性状

坚果圆锥形，纵径1.9cm，横径1.6cm，坚果重6.7g，有光泽，果顶有茸毛，壳面颜色中等，壳厚度0.15mm（以两颊中心处的壳厚为准）；平均核仁重5.8g，核仁充实饱满，黄白色；核仁细嫩香甜；涩皮难剥离。

4. 生物学习性

萌芽力强，发枝力强，新梢一年平均长24cm，生长势弱。早实，开始结果年龄为第4年，盛果期年龄8～10年；以中短果枝结果为主，多在树冠外围结果；坐果力强，生理落果少，采前落果多，产量低，大小年显著。4月上旬萌芽，雄花盛开期为6月上旬，雌花盛开期为6月上中旬，雄花序凋落期为6月下旬，果实采收期为9月下旬，落叶期为11月下旬。

品种评价

植株抗旱，耐瘠薄，对寒、旱、瘠、盐、风、日灼等恶劣环境抵抗能力强；对土壤、地势、栽培条件的要求不严格；实生或嫁接繁殖。

生境

植株

叶片

果实

四舍1号

Castanea mollissima Blume 'Sishe 1'

调查编号：FANGJGLXL081

所属树种：板栗 *Castanea mollissima* Blume

提 供 人：邵元碧
电　　话：13977673705
住　　址：广西壮族自治区百色市乐业县甘田镇四合村大沟屯9号

调 查 人：李贤良
电　　话：13978358920
单　　位：广西特色作物研究院

调查地点：广西壮族自治区百色市乐业县甘田镇四合村大沟屯9号

地理数据：GPS数据（海拔：1212m，经度：E106°29'52"，纬度：N24°36'51"）

样本类型：枝条

生境信息

来源于当地，生长于坡地，位于房前，土壤质地为砂壤土，种植年限25年，现存1株。

植物学信息

1. 植株情况

乔木，树势中等，树姿半开张，树冠半圆形。树高6m，冠幅东西5.5m、南北4.3m；干高1.1m，干周69cm，主干褐色，皮块状裂，枝条密度中等。

2. 植物学特征

1年生枝黄绿色，中等长，中等粗，粗度为0.66cm，节间平均长1.7cm；嫩梢上茸毛中等，白色；皮目少，小而凸；多年生枝褐色；混合芽贴近副芽位置；叶长15.2cm、宽4.3cm，卵圆形；叶色浓绿，叶尖急尖，叶缘粗锯齿；雄花序长12.2cm，雄花芽多，雄花数量多，柱头黄绿色；果实圆形，栗苞淡绿色。

3. 果实性状

坚果椭圆形，纵径2.2cm，横径1.9cm，侧径2.0cm，坚果重10.0g，有光泽，有茸毛，边果半圆形，底座不光滑；壳面光滑，颜色中等；平均核仁重8.9g；核仁充实饱满，黄白色；核仁风味香甜；涩皮难剥离。

4. 生物学习性

萌芽力强，发枝力强，新梢一年平均长25cm，生长势强。晚实，开始结果年龄为第7年，盛果期年龄8～15年；以中短果枝结果为主，多在树冠外围结果；坐果力中等，生理落果少，采前落果多，产量低，大小年显著。4月上旬萌芽，雄花盛开期为6月上旬，雌花盛开期为6月上中旬，雄花序凋落期为6月下旬，果实采收期为9月下旬，落叶期为11月下旬。

品种评价

植株对寒、旱、瘠、盐、风、日灼等恶劣环境抵抗能力强；对土壤、地势、栽培条件的要求不严格；植株疏管理，产量低；实生或嫁接繁殖，修剪有利于提高产量。

生境

植株

叶片

花

果实

甲龙1号

Castanea mollissima Blume 'Jialong 1'

调查编号： FANGJGLXL084

所属树种： 板栗 *Castanea mollissima* Blume

提 供 人： 邵元碧
电　　话： 13977673705
住　　址： 广西壮族自治区百色市乐业县甘田镇甲龙村龙瑶屯

调 查 人： 李贤良
电　　话： 13978358920
单　　位： 广西特色作物研究院

调查地点： 广西壮族自治区百色市乐业县甘田镇甲龙村龙瑶屯

地理数据： GPS数据（海拔：1100m，经度：E106°28'32"，纬度：N24°38'02"）

样本类型： 枝条

生境信息

来源于当地，生长于坡地，该土地为人工林，土壤质地为砂壤土，种植年限30年。

植物学信息

1. 植株情况

乔木，树势中等，树姿开张，树冠圆头形。树高6m，冠幅东西6.5m、南北5.5m；干高0.77cm，干周60cm，主干灰色，皮块状裂，枝条密。

2. 植物学特征

1年生枝黄绿色，中等长，中等粗，粗度为0.7cm，节间平均长1.8cm；嫩梢上茸毛中等，白色；多年生枝褐色；混合芽贴近副芽位置；叶长15.5cm、宽4.4cm，卵圆形；叶色浓绿，叶尖急尖，叶缘粗锯齿；雄花序长13.8cm，雄花芽多，雄花数量多，果实圆形，栗苞淡绿色。

3. 果实性状

坚果椭圆形，纵径2.3cm，横径2.0cm，侧径2.1cm，坚果重10.7g，有光泽，有茸毛，边果半圆形，底座不光滑；壳面光滑，颜色中等；平均核仁重8.9g，核仁充实饱满，黄白色；核仁风味香甜；涩皮难剥离。

4. 生物学习性

萌芽力强，发枝力强，新梢一年平均长27cm，生长势强。晚实，开始结果年龄为第6年，盛果期年龄8～15年；以长短果枝结果为主，多在树冠外围结果；坐果力强，生理落果少，采前落果多，丰产性好，大小年不显著。单株产量13kg，4月上旬萌芽，雄花盛开期为6月上旬，雌花盛开期为6月上中旬，雄花序凋落期为6月下旬，果实采收期为9月下旬，落叶期为11月下旬。

品种评价

植株抗旱，对寒、旱、瘠、盐、风、日灼等恶劣环境抵抗能力强；对土壤、地势、栽培条件的要求不严格；丰产，修剪有利于提高产量。

生境

灌丛

叶片

花

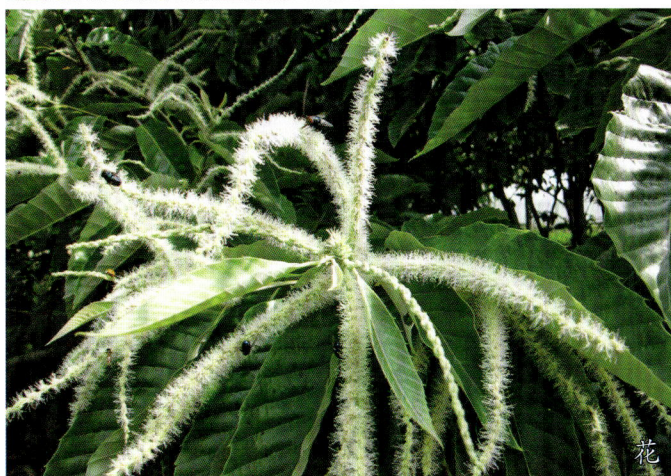

果实

甲龙 2 号

Castanea mollissima Blume 'Jialong 2'

调查编号：FANGJGLXL089

所属树种：板栗 *Castanea mollissima* Blume

提 供 人：邵元碧
电　　话：13977673705
住　　址：广西壮族自治区百色市乐业县甘田镇甲龙村龙瑶屯

调 查 人：李贤良
电　　话：13978358920
单　　位：广西特色作物研究院

调查地点：广西壮族自治区百色市乐业县甘田镇甲龙村龙瑶屯

地理数据：GPS数据（海拔：1100m，经度：E106°28'32"，纬度：N24°38'02"）

样本类型：枝条

生境信息

来源于当地，生长于坡地，该土地为人工林，土壤质地为砂壤土，种植年限30年。

植物学信息

1. 植株情况

乔木，树势弱，树姿半开张，树冠乱头形。树高5.3m，冠幅东西3.3m、南北3.5m；干高0.47m，干周60cm，主干灰褐色，皮块状裂，枝条稀。

2. 植物学特征

1年生枝黄绿色，中等长而细，粗度为0.4cm，节间平均长1.5cm；嫩梢上茸毛中等，白色；多年生枝褐色；混合芽贴近副芽位置；叶长13.5cm、宽4.0cm，卵圆形；叶色浓绿，叶尖急尖，叶缘粗锯齿；雄花序长12.8cm，雄花芽多，雄花数量多；果实圆形，栗苞绿色。

3. 果实性状

坚果椭圆形，纵径1.9cm，横径2.0cm，侧径1.8cm，坚果重8.7g，有光泽，有茸毛，边果半圆形，底座小不光滑；壳面光滑，颜色中等；平均核仁重6.6g，核仁充实饱满，黄白色；核仁风味香甜；涩皮难剥离。

4. 生物学习性

萌芽力强，发枝力强，新梢一年平均长20cm，生长势强。晚实，开始结果年龄为第7年，盛果期年龄9～15年；以中短果枝结果为主，多在树冠外围结果；坐果力弱，生理落果少，采前落果多，大小年显著，株产3kg。4月上旬萌芽，雄花盛开期为6月上旬，雌花盛开期为6月上中旬，雄花序凋落期为6月下旬，果实采收期为9月中旬，落叶期为11月下旬。

品种评价

植株抗旱，对寒、旱、瘠、盐、风、日灼等恶劣环境抵抗能力强；对土壤、地势、栽培条件的要求不严格；疏于管理，树势弱，产量低，实生或嫁接繁殖。

生境

叶片

植株

枝条

花

果实

甲龙3号

Castanea mollissima Blume 'Jialong 3'

调查编号：FANGJGLXL108

所属树种：板栗 *Castanea mollissima* Blume

提 供 人：邵元碧
电　　话：13977673705
住　　址：广西壮族自治区百色市乐业县甘田镇甲龙村龙瑶屯

调 查 人：李贤良
电　　话：13978358920
单　　位：广西特色作物研究院

调查地点：广西壮族自治区百色市乐业县甘田镇甲龙村龙瑶屯

地理数据：GPS数据（海拔：1200m，经度：E106°28'32"，纬度：N24°38'02"）

样本类型：枝条

生境信息

来源于当地，生长于旷野中的坡地，土壤质地为砂壤土，种植年限30年，现存1株。

植物学信息

1. 植株情况

乔木，树势强，树姿开张，树冠圆头形。树高5.8m，冠幅东西5.0m、南北6.0m；干高0.85m，干周90cm，主干褐色，皮块状裂，枝条密。

2. 植物学特征

1年生枝黄绿色，中等长，中等粗，平均节间长1.7cm，粗度为0.6cm，嫩梢上茸毛中等，多年生枝褐色；混合芽贴近副芽位置；叶长13.9cm、宽4.4cm，卵圆形；叶色浓绿，叶尖急尖，叶缘粗锯齿；雄花序长14.0cm，雄花芽多，雄花数量多，柱头黄绿色；果实圆形，栗苞绿色。

3. 果实性状

坚果椭圆形，纵径2.0cm，横径1.9cm，侧径1.9cm，坚果重9.4g，有光泽，有茸毛，边果半圆形，筋线明显，底座不光滑；壳面光滑，颜色中等，缝合线平且紧密；平均核仁重8.2g，核仁充实饱满，黄白色；核仁风味香甜；涩皮难剥离。

4. 生物学习性

萌芽力强，发枝力强，新梢一年平均长26cm，生长势强。晚实，开始结果年龄为第7年，盛果期年龄9～15年；以中短果枝结果为主，多在树冠外围结果；坐果力强，生理落果少，采前落果少，产量中等，大小年不显著，株产13kg。4月上旬萌芽，雄花盛开期为6月上旬，雌花盛开期为6月上中旬，雄花序凋落期为6月下旬，果实采收期为9月下旬，落叶期为11月下旬。

品种评价

植株抗旱，对寒、旱、瘠、盐、风、日灼等恶劣环境抵抗能力强；对土壤、地势、栽培条件的要求不严格；坚果优质，丰产稳定，嫁接繁殖。

植株

花

叶片

枝条

果实

甲龙 4 号

Castanea mollissima Blume 'Jialong 4'

调查编号：FANGJGLXL113

所属树种：板栗 *Castanea mollissima* Blume

提 供 人：邵元碧
电　　话：13977673705
住　　址：广西壮族自治区百色市乐业县甘田镇甲龙村龙瑶屯

调 查 人：李贤良
电　　话：13978358920
单　　位：广西特色作物研究院

调查地点：广西壮族自治区百色市乐业县甘田镇甲龙村龙瑶屯

地理数据：GPS数据（海拔：1240m，经度：E106°28'32"，纬度：N24°38'02"）

样本类型：枝条

生境信息

来源于当地，生长于旷野中的坡地，土壤质地为砂壤土，种植年限35年。

植物学信息

1. 植株情况

乔木，树势强，树姿开张，树冠圆头形。树高5.5m，冠幅东西4.3m、南北4.7m；干高0.56m，干周98cm，主干灰色，皮块状裂，枝条密。

2. 植物学特征

1年生枝黄绿色，中等长，平均节间长度1.8cm，中等粗，粗度为0.7cm，嫩梢上茸毛中等，白色；皮目少，小而平；多年生枝褐色；混合芽贴近副芽位置；小叶长14.2cm、宽4.0cm、厚0.63cm；小叶卵圆形，叶色浓绿，叶尖急尖，叶缘粗锯齿；有短针刺；雄花序长13.5cm，雄花芽中等多，雄花数量中等，柱头黄绿色；果实圆形，栗苞绿色。

3. 果实性状

坚果椭圆形，纵径2.0cm，横径2.1cm，侧径1.9cm，坚果重9.8g，有光泽，茸毛稀，边果半圆形，筋线明显，底座不光滑；壳面光滑，颜色中等；平均核仁重8.4g，核仁充实饱满，黄白色；核仁风味香甜；涩皮难剥离。

4. 生物学习性

萌芽力强，发枝力强，新梢一年平均长24cm，生长势强。晚实，开始结果年龄为第7年，盛果期年龄9～15年；以中短果枝结果为主，多在树冠外围结果；坐果力强，生理落果少，采前落果少，产量中等，大小年不显著，株产12kg。4月上旬萌芽，雄花盛开期为6月上旬，雌花盛开期为6月上中旬，雄花序凋落期为6月下旬，果实采收期为9月中下旬，落叶期为11月下旬。

品种评价

植株抗旱，耐瘠薄，对寒、旱、瘠、盐、风、日灼等恶劣环境抵抗能力强；对土壤、地势、栽培条件的要求不严格；坚果优质，稳产，嫁接繁殖，修剪有利于提高产量。

生境

植株

花

枝条

果实

毛栗 1 号

Castanea seguinii Dode 'Maoli 1'

- 调查编号：CAOQFMYP102

- 所属树种：茅栗 *Castanea seguinii* Dode

- 提 供 人：戴常乐
  电　　话：13503513922
  住　　址：山西省运城市夏县泗交镇郭峪村

- 调 查 人：曹秋芬
  电　　话：13753480017
  单　　位：山西省农业科学院生物技术研究中心

- 调查地点：山西省运城市夏县泗交镇郭峪村

- 地理数据：GPS数据（海拔：964m，经度：E111°23'58"，纬度：N35°05'12"）

- 样本类型：枝条

生境信息

小生境为其他山坡，地形为坡地。土地利用为人工林；土壤质地为壤土；种植年限为50年，现存10株。

植物学信息

1. 植株情况

乔木，树势中等，树姿开张，树形半圆形。树高7m，冠幅东西8.5m、南北8.5m；干高3m，干周110cm，主干深褐色，皮块状裂，枝条密度中等。

2. 植物学特征

1年生枝黄绿色，枝条长，枝条平均长29.8cm，节间平均长1.3cm；中等粗度，平均粗度为0.63cm；嫩梢上茸毛少，白色；皮目中等大，少而平，呈椭圆形；多年生枝灰褐色；混合芽三角形，与副芽间距；单叶叶长19.6cm，宽7.8cm，叶柄长1.7cm；单叶椭圆形，叶色黄绿色，叶尖渐尖，叶缘粗锯齿；有短针刺；雄花序平均长度16.3cm，雄花芽数量多，雄花数中等，柱头黄绿色；果实椭圆形，果皮绿色，果面茸毛少，栗苞较易脱离。

3. 果实性状

坚果纵径2.7cm，横径3.2cm，侧径4.8cm，坚果重9g，有光泽，果皮红棕色，茸毛稀，茸毛分布在果肩部；果顶平或微凸；边果半圆形，筋线不明显，底座大且不光滑；壳面光滑，颜色中等；壳厚度0.68mm（以两颊中心处的壳厚为准）；平均核仁重6.6g，出仁率80%；核仁充实饱满，黄白色；核仁风味香甜；坚果淀粉含量41.2%，蛋白含量3.16%，涩皮难剥离。

4. 生物学特性

萌芽力强，发枝力强，新梢一年平均长25～30cm，生长势强。盛果期年龄9～16年；以短果枝结果为主，果台副梢抽生及连续结果能力强，多在树冠外围结果；坐果力中等，生理落果少，产量一般，大小年显著，单株平均产量（盛果期）25kg。4月中旬萌芽，雄花盛开期为6月上旬，雌花盛开期为6月上中旬，雄花序凋落期为6月下旬，果实采收期为10月上旬，落叶期为11月上旬。

品种评价

植株抗旱，耐贫瘠，耐涝性差，对寒、旱、瘠、盐、风、日灼等恶劣环境抵抗能力较强；对土壤、地势、栽培条件的要求不严格；坚果丰产优质可食率高。

生境

树干

植株

枝叶

花

果实

成县茅栗 1 号

Castanca seguinii Dode 'Chengxianmaoli 1'

- 调查编号：CAOQFMYP066
- 所属树种：茅栗 *Castanea seguinii* Dode
- 提供人：郭社旗
  电　话：15593909080
  住　址：甘肃省陇南市成县林业局
- 调查人：曹秋芬
  电　话：13753480017
  单　位：山西省农业科学院生物技术研究中心
- 调查地点：甘肃省陇南市成县抛沙镇唐坪村
- 地理数据：GPS数据（海拔：1238m，经度：105°40'13"，纬度：N33°41'23"）
- 样本类型：叶

生境信息

来源于当地，生长于田间耕地，受耕作影响；地形为坡地，坡度为10°，坡向朝西。土壤质地为壤土；种植年限为10多年；种植农户为零星分布。

植物学信息

1. 植株情况

乔木，树势中等，树姿半开张，树形半圆形。树高8m，冠幅东西8.5m、南北8.5m；干高1.2m，干周66cm，主干褐色，树皮丝状裂，枝条密度中等。

2. 植物学特征

1年生枝黄绿色，长度中等，枝条平均长29.8cm，节间平均长1.3cm；中等粗度，平均粗度为0.63cm；嫩梢上茸毛少，白色；皮目中等，多而凸，近圆形；多年生枝灰褐色；混合芽三角形，与副芽间距；小叶长20cm、宽8cm，叶柄长1.7cm；小叶长卵圆形，叶色浓绿，叶尖为急尖，叶缘粗锯齿。有短针刺；雄花序平均长度16.3cm，雄花芽数量多，雄花数中等，柱头黄绿色；果实椭圆形，果皮绿色，果面茸毛少，栗苞较易脱离。

3. 果实性状

坚果纵径2.7cm，横径3.2cm，侧径4.8cm，坚果重4~5g，有光泽，果皮红棕色，茸毛稀，茸毛分布在果肩部；果顶平或微凸；边果半圆形，筋线不明显，底座大且不光滑；壳面光滑，颜色中等；壳厚度0.42mm（以两颗中心处的壳厚为准）；平均核仁重4.0g，出仁率76%；核仁充实饱满，黄白色；核仁风味香甜；坚果淀粉含量46.3%，蛋白含量4.35%，涩皮难剥离。

4. 生物学特性

萌芽力强，发枝力强，新梢一年平均长25~30cm，生长势强。盛果期年龄9~16年；以短果枝结果为主，多在树冠外围结果；坐果力中等，生理落果少，产量一般，大小年显著，单株平均产量（盛果期）25kg。4月中旬萌芽，雄花盛开期为6月上旬，雌花盛开期为6月上中旬，雄花序凋落期为6月下旬，果实采收期为9月中下旬，落叶期为11月上旬。

品种评价

植株抗旱，耐贫瘠，耐涝性差，对寒、旱、瘠、盐、风、日灼等恶劣环境抵抗能力较强；对土壤、地势、栽培条件的要求不严格；坚果丰产优质。

植株

枝叶

花

果实

大堡板栗 1 号

Castanea mollissima Blume 'Dabaobanli 1'

调查编号：CAOQFMYP044

所属树种：板栗 *Castanea mollissima* Blume

提 供 人：王司远
电　　话：13659393671
住　　址：甘肃省陇南市康县林业局

调 查 人：曹秋芬
电　　话：13753480017
单　　位：山西省农业科学院生物技术研究中心

调查地点：甘肃省陇南市康县大堡镇漆树沟村

地理数据：GPS数据（海拔：1149m，经度：E105°30'30"，纬度：N33°25'09"）

样本类型：叶

生境信息

来源于当地；小生境为山林。代表生长环境的建群种、优势种、标志种为板栗。地形为坡地，坡度为30°，坡向朝东。土地利用为原始林；土壤质地为砂土；现存1株。

植物学信息

1. 植株情况

乔木，树势强，树姿直立，树形半圆形。树高10m，冠幅东西8m、南北10m；干高2m，干周50cm，主干黑色，树皮丝状裂，枝条密度中等。

2. 植物学特征

1年生枝黄绿色，长度中等，枝条平均长29.8cm，节间平均长1.3cm；中等粗度，平均粗度为0.63cm；嫩梢上茸毛少，白色；皮目中等，多而凸，近圆形；多年生枝灰褐色；混合芽三角形，与副芽间距；小叶长12.5cm、宽4.5cm，叶柄长1.7cm；小叶长卵圆形，叶色浓绿，叶尖为急尖，叶缘粗锯齿。有短针刺；雄花序平均长度16.3cm，雄花芽数量多，雄花数中等，柱头黄绿色；果实椭圆形，果皮绿色，果面茸毛少，栗苞较易脱离。

3. 果实性状

坚果纵径2.6cm，横径3.3cm，侧径2.8cm，坚果重5g，有光泽，果皮红棕色，茸毛稀，茸毛分布在果肩部；果顶平或微凸；边果半圆形，筋线不明显，底座大且不光滑；壳面光滑，颜色中等；壳厚度0.42mm（以两颊中心处的壳厚为准）；平均核仁重4.0g，出仁率76%；核仁充实饱满，黄白色；核仁风味香甜；坚果淀粉含量45.8%，蛋白含量4.57%，涩皮难剥离。

4. 生物学习性

萌芽力强，发枝力强，新梢一年平均长25～30cm，生长势强。盛果期年龄9～18年；以短果枝结果为主，果台副梢抽生及连续结果能力强，多在树冠外围结果；坐果力中等，生理落果少，产量一般，大小年显著，单株平均产量（盛果期）25kg。4月上中旬萌芽，雄花盛开期为6月中旬，雌花盛开期为6月中旬，雄花序凋落期为6月下旬，果实采收期为9月下旬，落叶期为11月上旬。

品种评价

植株抗旱，耐贫瘠，耐涝性差，对寒、旱、瘠、盐、风、日灼等恶劣环境抵抗能力较强。

生境

植株

果实

枝叶

高岭 1 号

Castanea mollissima Blume 'Gaoling 1'

调查编号： LITZLJS092

所属树种： 板栗 *Castanea mollissima* Blume

提 供 人： 刘国彬
电　　话： 010-51513100
住　　址： 北京市农林科学院农业综合发展研究所

调 查 人： 刘佳棽
电　　话： 010-51503910
单　　位： 北京市农林科学院农业综合发展研究所

调查地点： 北京市密云区高岭镇

地理数据： GPS数据（海拔：139m，经度：E119°27′42″，纬度：N40°23′45″）

样本类型： 种子

生境信息

来源于当地，生长于田间平地中，该土地为耕地，土壤质地为砂壤土。种植年限为120年，现存1株。

植物学信息

1. 植株情况

乔木，树势强，树姿开张，树形圆头形。树高12m，冠幅东西12.6m、南北12m；干高1.58m，干周265cm，主干褐色，皮块状裂，枝条密度中等。

2. 植物学特征

1年生枝黄绿色，中等长，中等粗，节间平均长2.1cm，平均粗度为0.55cm；嫩梢上无茸毛，多年生枝银灰色；混合芽三角形，与副芽间距；雄花序平均长度21.2cm，雄花芽和雄花数均少，柱头黄绿色；果实椭圆形，果皮黄绿色，果面有茸毛，栗苞难脱离。

3. 果实性状

坚果椭圆形，纵径3.0cm，横径2.9cm，侧径1.9cm，坚果重11g，有光泽，果皮红棕色，茸毛稀，茸毛分布在果肩部；果顶平或微凸；边果椭圆形，筋线不明显，底座小而光滑；壳面光滑，颜色中等；核仁充实饱满，黄白色；核仁风味香甜，涩皮易剥离。

4. 生物学习性

萌芽力中等，发枝力强，新梢一年平均长90cm，生长势强。早实，开始结果年龄为第4年，盛果期年龄第5年以后；以长中短果枝结果均衡，多在树冠上部的外围结果；坐果力强，生理落果少，采前落果少，丰产，大小年不显著，单株平均产量（盛果期）11kg。5月上旬萌芽，雄花盛开期为6月上中旬，雌花盛开期为6月中下旬，雄花序凋落期为7月上旬，果实采收期为9月中下旬，落叶期为11月上旬。

品种评价

植株高产，对寒、旱、瘠、盐、风、日灼等恶劣环境有较强的抵抗能力；酸性土壤下要加强肥水管理；主要病虫害种类为桃蛀螟等。

叶片

植株

花

果实

高岭2号

Castanea mollissima Blume 'Gaoling 2'

调查编号：LITZLJS093

所属树种：板栗 *Castanea mollissima* Blume

提 供 人：刘国彬
电　　话：010-51513100
住　　址：北京市农林科学院农业综合发展研究所

调 查 人：刘佳琴
电　　话：010-51503910
单　　位：北京市农林科学院农业综合发展研究所

调查地点：北京市密云区高岭镇

地理数据：GPS数据（海拔：139m，经度：E119°27'42"，纬度：N40°23'45"）

样本类型：种子

生境信息

来源于当地，生长于山地的平地中，该土地为人工林，土壤质地为壤土，pH7.3。种植年限为90年，现存1株。

植物学信息

1. 植株情况

乔木，树势中等，树姿半开张，树形半圆形。树高15m，冠幅东西10.6m、南北12.1m；干高1.9m，干周303cm，主干褐色，皮块状裂，枝条密。

2. 植物学特征

1年生枝黄绿色，中等长，中等粗，节间平均长1.8cm，平均粗度为0.6cm；嫩梢上无茸毛，皮目中等大，少而平，呈椭圆形；多年生枝灰褐色；混合芽三角形，与副芽间距；单叶长卵圆形，叶色浓绿，叶尖急尖，叶缘粗锯齿；有短针刺；雄花序平均长度19cm，雄花芽数量多，雄花数中等，柱头淡黄色；果实卵形，果皮黄绿色，果面有茸毛，栗苞易脱离。

3. 果实性状

坚果卵圆形，纵径2.1cm，横径2.0cm，侧径1.9cm，坚果重7.1g，有光泽，茸毛稀，边果椭圆形，茸毛分布在果肩部；果顶平或微凸；边果椭圆形，筋线不明显，底座小而不光滑；壳面光滑，颜色浅；核仁充实饱满，黄白色，核仁香甜，蛋白质含量4.22%；涩皮易剥离。

4. 生物学习性

萌芽力强，发枝力中，新梢一年平均长101cm，生长势强。早实，开始结果年龄为第4年，盛果期年龄第6年以后；以短果枝结果为主，多在树冠上部的外围结果；坐果力中等，生理落果少，采前落果少，产量低，大小年显著，单株平均产量（盛果期）7.5kg。4月下旬萌芽，雄花盛开期为6月上旬，雌花盛开期为6月上旬，雄花序凋落期为6月下旬，果实采收期为9月中旬，落叶期为11月下旬。

品种评价

植株高产，抗旱，耐贫瘠，对寒、旱、瘠、盐、风、日灼等恶劣环境有较强的抵抗能力；酸性土壤下要加强肥水管理。

植株

叶片

花

果实

不老屯1号

Castanea mollissima Blume 'Bulaotun1'

调查编号：LITZLJS094

所属树种：板栗 *Castanea mollissima* Blume

提 供 人：刘国彬
电　　话：010-51513100
住　　址：北京市农林科学院农业综合发展研究所

调 查 人：刘佳芩
电　　话：010-51503910
单　　位：北京市农林科学院农业综合发展研究所

调查地点：北京市密云区不老屯乡

地理数据：GPS数据（海拔：196m，经度：E116°37'22"，纬度：N40°34'07"）

样本类型：种子

生境信息

来源于当地，最大树龄50年，生长于庭院中，土壤质地为黏土。种植年限为15年，现存3株。

植物学信息

1. 植株情况

乔木，树势强，树姿开张，树形圆头形。树高11.5m，冠幅东西7.2m、南北6.4m；干高1.23m，干周70cm，主干褐色，皮块状裂，枝条密。

2. 植物学特征

1年生枝黄绿色，短而粗，节间平均长1.8cm，平均粗度为0.6cm；嫩梢上无茸毛，多年生枝银灰色；混合芽三角形，与副芽间距；雄花序平均长度15.2cm，雄花芽数量多，雄花数多，柱头黄绿色；果实椭圆形，果皮淡绿色，果面无茸毛，栗苞较易脱离。

3. 果实性状

坚果椭圆形，纵径2.3cm，横径2.6cm，侧径1.9cm，坚果重8.2g，有光泽，茸毛稀，边果椭圆形，筋线不明显，底座小而光滑；壳面光滑，颜色中等；核仁充实饱满，颜色黄色，核仁香甜，淀粉含量47.5%，蛋白质含量3.59%；涩皮易剥离。

4. 生物学习性

萌芽力强，发枝力强，新梢一年平均长95cm，生长势强。早实，开始结果年龄为第4年，盛果期年龄第6年以后；以长中果枝结果为主，多在树冠上部的外围结果；坐果力强，生理落果少，采前落果少，丰产，大小年不显著，单株平均产量（盛果期）6kg。4月下旬萌芽，雄花盛开期为6月上中旬，雌花盛开期为6月中旬，雄花序凋落期为7月上旬，果实采收期为9月下旬，落叶期为11月下旬。

品种评价

植株高产，抗旱，耐贫瘠，广适性好，对寒、旱、瘠、盐、风、日灼等恶劣环境有较强的抵抗能力；对土壤、地势、栽培条件的要求不严格，酸性土壤下要加强肥水管理；坚果优质，主要病虫害种类为桃蛀螟等；嫁接繁殖为主，耐修剪，每年修剪可有助于产量提高。

植株

花

叶片

果实

四渡河 2 号

Castanea mollissima Blume 'Siduhe 2'

调查编号：LITZLJS095

所属树种：板栗 *Castanea mollissima* Blume

提 供 人：刘国彬
电　话：010-51513100
住　址：北京市农林科学院农业综合发展研究所

调 查 人：刘佳梦
电　话：010-51503910
单　位：北京市农林科学院农业综合发展研究所

调查地点：北京市怀柔区黄坎乡四渡河村

地理数据：GPS数据（海拔：242m，经度：E115°53'57"，纬度：N39°46'27"）

样本类型：种子

生境信息

来源于当地，最大树龄130年，生长于田间坡地中，坡度20°，土壤质地为砂壤土，pH7.2。种植年限为30年，现存2000株。

植物学信息

1. 植株情况

乔木，树势中等，树姿开张，树形半圆形。树高13m，冠幅东西10.8m、南北9.9m；干高1.88m，干周220cm，主干褐色，皮块状裂，枝条密。

2. 植物学特征

1年生枝黄绿色，中等长和粗，节间平均长1.66cm，平均粗度为0.81cm；嫩梢上无茸毛，多年生枝灰褐色；混合芽三角形，与副芽间距；雄花序平均长度18cm，雄花芽数量多，雄花数中等，柱头黄绿色；果实长圆形，果皮淡绿色，果面无茸毛，栗苞易脱离。

3. 果实性状

坚果扁圆形，纵径2.1cm，横径1.8cm，侧径1.8cm，坚果重12.2g，有光泽，茸毛稀，边果椭圆形，筋线不明显，底座小而不光滑；壳面光滑，颜色中等；核仁充实饱满，黄白色，核仁香甜，蛋白质含量4.07%；涩皮易剥离。

4. 生物学习性

萌芽力中等，发枝力中等，生长势中等。晚实，长中短果枝结果均衡，多在树冠上部的外围结果；坐果力中等，生理落果少，采前落果少，低产，大小年显著，单株平均产量（盛果期）7.5kg。4月下旬萌芽，雄花盛开期为6月上旬，雌花盛开期为6月上旬，雄花序凋落期为6月下旬，果实采收期为9月上旬，落叶期为11月上旬。

品种评价

植株抗旱，耐贫瘠，广适性好，对寒、旱、瘠、盐、风、日灼等恶劣环境有较强的抵抗能力；本品种抗病、抗旱性能较强，在干旱情况下坚果也不明显变小。对土壤、地势、栽培条件的要求不严格，酸性土壤下要加强肥水管理；坚果优质，主要病虫害种类为桃蛀螟等；嫁接繁殖为主，耐修剪，每年修剪可有助于产量提高。

植株

花

叶片

果实

果实

下庄2号

Castanea mollissima Blume 'Xiazhuang 2'

调查编号：LITZLJS096

所属树种：板栗 *Castanea mollissima* Blume

提 供 人：刘国彬
电　　话：010-51513100
住　　址：北京市农林科学院农业综合发展研究所

调 查 人：刘佳芬
电　　话：010-51503910
单　　位：北京市农林科学院农业综合发展研究所

调查地点：北京市密云区不老屯乡

地理数据：GPS数据（海拔：196m，经度：E116°37'22"，纬度：N40°34'07"）

样本类型：种子

生境信息

来源于当地，最大树龄135年，生长于田间山地中，平地，土壤质地为砂壤土，pH7.2。种植年限为15年，现存20000株，面积267hm²。

植物学信息

1. 植株情况

乔木，树势中等，树姿半开张，树形圆头形。树高15.5m，冠幅东西15.1m、南北15.6m；干高1.8m，干周96cm，主干褐色，皮块状裂，枝条密。

2. 植物学特征

1年生枝黄绿色，长而粗，节间平均长1.6cm，平均粗度为0.79cm；嫩梢上无茸毛，多年生枝银灰色；混合芽三角形，与副芽间距；雄花序平均长度14cm，雄花芽数量多，雄花数少，柱头淡黄色；果实椭圆形，果皮淡绿色，果面无茸毛，栗苞较易脱离。

3. 果实性状

坚果椭圆形，纵径2.6cm，横径2.6cm，侧径1.9cm，坚果重6.9g，有光泽，茸毛稀，边果椭圆形，筋线不明显，底座小而光滑；壳面光滑，颜色深；核仁充实饱满，颜色黄色，核仁香甜，淀粉含量47.5%，蛋白质含量7.49%；涩皮易剥离。

4. 生物学习性

萌芽力强，发枝力中等，新梢一年平均长102cm，生长势强。早实，开始结果年龄为第4年，盛果期年龄第6年以后；以中短果枝结果为主，多在树冠上部的外围结果；坐果力中等，生理落果少，采前落果少，丰产，大小年不显著，单株平均产量（盛果期）75kg。4月下旬萌芽，雄花盛开期为6月中旬，雌花盛开期为6月上旬，雄花序凋落期为6月下旬，果实采收期为9月中下旬，落叶期为11月上旬。

品种评价

植株高产，抗旱，耐贫瘠，广适性好，对寒、旱、瘠、盐、风、日灼等恶劣环境有较强的抵抗能力；对土壤、地势、栽培条件的要求不严格，酸性土壤下要加强肥水管理；嫁接树早期丰产，结果枝数量多，球果多，空蓬少，丰产性好，有内膛结果的习性；抗病和抗旱性也较强，适宜发展。坚果优质，主要病虫害种类为桃蛀螟等；嫁接繁殖为主，耐修剪，每年修剪可有助于产量提高。

植株

花

叶片

果实

西台 1 号

Castanea mollissima Blume 'Xitai 1'

调查编号：LITZLJS097

所属树种：板栗 *Castanea mollissima* Blume

提 供 人：王金宝
电　　话：13683065823
住　　址：北京市怀柔区板栗试验站

调 查 人：刘佳梦
电　　话：010-51503910
单　　位：北京市农林科学院农业综合发展研究所

调查地点：北京市怀柔区黄花城乡西台村

地理数据：GPS数据（海拔：189m，经度：E116°27'42"，纬度：N40°24'47"）

样本类型：种子

生境信息

来源于当地，最大树龄100年，生长于山间坡地中，土壤质地为砂壤土，pH7.3。种植年限为30年，现存50000株。

植物学信息

1. 植株情况

乔木，树势中等，树姿开张，树形圆头形。树高13m，冠幅东西13.4m、南北11.1m；干高2.1m，干周310cm，主干褐色，皮块状裂，枝条密。

2. 植物学特征

1年生枝黄绿色，中等长和粗，节间平均长1.88cm，平均粗度为0.64cm；嫩梢上无茸毛，多年生枝银灰色；混合芽三角形，与副芽间距；雄花序平均长度17cm，雄花芽数量少，雄花数少，柱头淡黄色；果实椭圆形，果皮淡绿色，果面茸毛少，栗苞较易脱离。

3. 果实性状

坚果椭圆形，纵径2.1cm，横径2.0cm，侧径1.7cm，坚果重6.6g，有光泽，茸毛稀，边果椭圆形，筋线不明显，底座小而不光滑；壳面光滑，颜色中等；核仁充实饱满，黄色，核仁香甜，淀粉含量48.5%，蛋白质含量6.18%；涩皮易剥离。

4. 生物学习性

萌芽力中等，发枝力中等，新梢一年平均长96cm，生长势中等。早实，开始结果年龄为第4年，盛果期年龄第6年以后；多在树冠上部的外围结果；坐果力中等，生理落果少，采前落果少，产量低，大小年显著，单株平均产量（盛果期）8.5kg。4月中旬萌芽，雄花盛开期为6月上旬，雌花盛开期为5月下旬，雄花序凋落期为6月中旬，果实采收期为9月中下旬，落叶期为11月上旬。

品种评价

植株抗旱，耐贫瘠，广适性好，对寒、旱、瘠、盐、风、日灼等恶劣环境有较强的抵抗能力；对土壤、地势、栽培条件的要求不严格，酸性土壤下要加强肥水管理；坚果优质，主要病虫害种类为桃蛀螟、金龟子等；嫁接繁殖为主，耐修剪，每年修剪可有助于产量提高。本品种嫁接树结果早，结果枝粗壮，每个结果枝上的球果多，丰产性强，栗实虽小但品质好，含糖量高，适宜炒食。

植株

叶片

花

果实

冯家峪 1 号

Castanea mollissima Blume 'Fengjiayu 1'

调查编号：LITZLJS098

所属树种：板栗 *Castanea mollissima* Blume

提 供 人：刘国彬
电　　话：010-51513100
住　　址：北京市农林科学院农业综合发展研究所

调 查 人：刘佳芬
电　　话：010-51503910
单　　位：北京市农林科学院农业综合发展研究所

调查地点：北京市密云区冯家峪镇

地理数据：GPS数据（海拔：155m，经度：E119°23'42"，纬度：N40°25'46"）

样本类型：种子

生境信息

来源于当地，最大树龄80年，生长于田间山地，坡度33°，人工林，土壤质地为砂壤土，pH7.3。种植年限为50年，现存3株。

植物学信息

1. 植株情况

乔木，树势中等，树姿开张，树形圆头形。树高12m，冠幅东西15.4m、南北13.1m；干高2m，干周270cm，主干褐色，皮块状裂，枝条密。

2. 植物学特征

1年生枝黄绿色，中等长和粗，节间平均长1.33cm，平均粗度为0.55cm；嫩梢上无茸毛，多年生枝银灰色；混合芽三角形，与副芽间距；雄花序平均长度16.3cm，雄花芽数量多，雄花数中等，柱头黄绿色；果实椭圆形，果皮淡绿色，果面茸毛少，栗苞较易脱离。

3. 果实性状

坚果椭圆形，纵径2.2cm，横径2.2cm，侧径1.7cm，坚果重8.6g，有光泽，茸毛稀，边果椭圆形，筋线不明显，底座小而不光滑；壳面光滑，颜色中等；平均核仁重8.6g，出仁率40.5%；核仁充实饱满，颜色黄色，核仁香甜，蛋白质含量7.80%；涩皮易剥离。

4. 生物学习性

萌芽力中等，发枝力中等，新梢一年平均长106cm，生长势中等。早实，开始结果年龄为第4年，盛果期年龄第6年以后；以中短果枝结果为主，多在树冠上部的外围结果；坐果力中等，生理落果少，采前落果少，产量低，大小年显著，单株平均产量（盛果期）6.5kg。4月下旬萌芽，雄花盛开期为6月中旬，雌花盛开期为6月中旬，雄花序凋落期为6月中旬，果实采收期为9月中旬，落叶期为11月上旬。

品种评价

植株抗旱，耐贫瘠，广适性好，对寒、旱、瘠、盐、风、日灼等恶劣环境有较强的抵抗能力；对土壤、地势、栽培条件的要求不严格，酸性土壤下要加强肥水管理；坚果优质，主要病虫害种类为桃蛀螟、金龟子等；嫁接繁殖为主，耐修剪，空蓬率低，稳产、丰产。在环境条件较差时，坚果小，出籽率低，色泽较差。

植株　果实

枝叶　花

巨各庄1号

Castanea mollissima Blume 'Jugezhuang 1'

- 调查编号：LITZLJS099

- 所属树种：板栗 *Castanea mollissima* Blume

- 提 供 人：张卫国
  电　　话：13552596591
  住　　址：北京市密云区大城子镇南沟村

- 调 查 人：刘佳芩
  电　　话：010-51503910
  单　　位：北京市农林科学院农业综合发展研究所

- 调查地点：北京市密云区巨各庄镇巨各庄村

- 地理数据：GPS数据（海拔：169m，经度：E119°27'42"，纬度：N40°23'45"）

- 样本类型：种子

生境信息

来源于当地，最大树龄70年，生长于山地，平地，土壤质地为砂壤土。种植年限为10年，现存200株。

植物学信息

1. 植株情况

乔木，树势中等，树姿开张，树形圆头形。树高14.5m，冠幅东西14.2m、南北9.6m；干高1.5m，干周98cm，主干褐色，皮块状裂，枝条密。

2. 植物学特征

1年生枝黄绿色，短而粗，节间平均长0.8cm，平均粗度为0.65cm；嫩梢上无茸毛，多年生枝银灰色；混合芽三角形，与副芽间距；雄花序平均长度15.8cm，雄花芽数量多，雄花数中等，柱头黄绿色；果实椭圆形，果皮淡绿色，果面茸毛少，栗苞较易脱离。

3. 果实性状

坚果椭圆形，纵径2.3cm，横径2.9cm，侧径1.8cm，坚果重8.4g，有光泽，茸毛稀，边果椭圆形，筋线不明显，底座小而光滑；壳面光滑，颜色深；核仁充实饱满，颜色黄色，核仁香甜，淀粉含量48.5%，蛋白质含量7.80%；涩皮易剥离。

4. 生物学习性

萌芽力强，发枝力强，新梢一年平均长99cm，生长势强。早实，开始结果年龄为第4年，盛果期年龄第6年以后；以中果枝结果为主，多在树冠上部的外围结果；坐果力中等，生理落果少，采前落果少，丰产，大小年不显著，单株平均产量（盛果期）6kg。4月中旬萌芽，雄花盛开期为6月中旬，雌花盛开期为6月中旬，雄花序凋落期为6月下旬，果实采收期为9月中下旬，落叶期为11月上旬。

品种评价

植株抗旱，耐贫瘠，广适性好，对寒、旱、瘠、盐、风、日灼等恶劣环境有较强的抵抗能力；对土壤、地势、栽培条件的要求不严格，酸性土壤下要加强肥水管理；坚果优质，主要病虫害种类为桃蛀螟等；嫁接繁殖为主，耐修剪，每年修剪可有助于产量提高。本品种嫁接树结果早，结果枝数量多，连续结果能力强，丰产性能好。坚果美观，个头中等偏大。自花授粉能力差，成片嫁接单一品种及营养不良和土壤缺硼时，空蓬率较高。

植株

果实

花

叶片

高岭 3 号

Castanea mollissima Blume 'Gaoling 3'

- 调查编号：LITZLJS100

- 所属树种：板栗 *Castanea mollissima* Blume

- 提 供 人：刘国彬
  电　　话：010-51513100
  住　　址：北京市农林科学院农业综合发展研究所

- 调 查 人：刘佳棽
  电　　话：010-51503910
  单　　位：北京市农林科学院农业综合发展研究所

- 调查地点：北京市密云区高岭镇高岭村

- 地理数据：GPS数据（海拔：139m，经度：E119°27'42"，纬度：N40°23'45"）

- 样本类型：种子

生境信息

来源于当地，生长于山地，坡度为30°的坡地，土壤质地为砂壤土，pH7.2。种植年限为60年，现存1株。

植物学信息

1. 植株情况

乔木，树势中等，树姿开张，树形半圆形。树高13m，冠幅东西11.9m、南北9.1m；干高1.7m，干周260cm，主干灰色，皮块状裂，枝条密。

2. 植物学特征

1年生枝黄绿色，中等长和粗，节间平均长1.8cm，平均粗度为0.5cm；嫩梢上无茸毛，多年生枝灰褐色；混合芽三角形，与副芽间距；雄花序平均长度21.8cm，雄花芽数量多，雄花数中等，柱头黄绿色；果实长圆形，果皮淡绿色，果面茸毛少，栗苞较易脱离。

3. 果实性状

坚果扁圆形，纵径2.4cm，横径2.9cm，侧径1.9cm，坚果重9.0g，有光泽，茸毛稀，边果椭圆形，筋线不明显，底座大而光滑；壳面光滑，颜色中等；核仁充实饱满，浅黄色，核仁香甜，蛋白质含量4.47%；涩皮易剥离。

4. 生物学习性

萌芽力中等，发枝力中等，新梢一年平均长110cm，生长势强。坐果力中等，生理落果少，采前落果少，产量中等，大小年显著，单株平均产量（盛果期）7.5kg。4月下旬萌芽，雄花盛开期为6月上旬，雌花盛开期为6月上旬，雄花序凋落期为6月下旬，果实采收期为9月下旬，落叶期为11月上旬。

品种评价

植株抗旱，耐贫瘠，广适性好，对寒、旱、瘠、盐、风、日灼等恶劣环境有较强的抵抗能力；对土壤、地势、栽培条件的要求不严格，酸性土壤下要加强肥水管理；坚果优质，主要病虫害种类为桃蛀螟等；嫁接繁殖为主，耐修剪，每年修剪可有助于产量提高。

植株

枝叶

花

果实

古栗 2 号

Castanea mollissima Blume 'Guli 2'

调查编号：LITZLJS101

所属树种：板栗 *Castanea mollissima* Blume

提 供 人：王金宝
电　　话：13683065823
住　　址：北京市怀柔区板栗试验站

调 查 人：刘佳梦
电　　话：010-51503910
单　　位：北京市农林科学院农业综合发展研究所

调查地点：北京市怀柔区渤海镇渤海所村

地理数据：GPS数据（海拔：189m，经度：E116°27'42"，纬度：N40°24'47"）

样本类型：种子

生境信息

来源于当地，最大树龄100年，生长于田间平地中，耕地，土壤质地为砂壤土。种植年限为100年，现存1株。

植物学信息

1.植株情况

乔木，树势中等，树姿半开张，树形圆头形。树高15m，冠幅东西13.5m、南北10.1m；干高1.71m，干周320cm，主干褐色，皮块状裂，枝条密度中等。

2.植物学特征

1年生枝黄绿色，中等长和粗，节间平均长2.0cm，平均粗度为0.65cm；嫩梢上无茸毛，多年生枝银灰色；混合芽三角形，与副芽间距；雄花序平均长度16.5cm，雄花芽数量多，雄花数中，柱头淡黄色；果实椭圆形，果皮淡绿色，果面茸毛少，栗苞较易脱离。

3.果实性状

坚果椭圆形，纵径2.8cm，横径2.7cm，侧径1.9cm，坚果重8.6g，有光泽，茸毛稀，边果椭圆形，筋线不明显，底座小而不光滑；壳面光滑，颜色深；核仁充实饱满，淡黄色，核仁香甜，蛋白质含量7.07%；涩皮易剥离。

4.生物学习性

萌芽力强，发枝力强，新梢一年平均长103cm，生长势强。坐果力强，生理落果少，采前落果少，产量中等，大小年不显著，单株平均产量（盛果期）60kg。5月上旬萌芽，雄花盛开期为6月中旬，雌花盛开期为6月中下旬，雄花序凋落期为7月上旬，果实采收期为9月中旬，落叶期为11月上旬。

品种评价

植株高产，抗旱，耐贫瘠，对寒、旱、瘠、盐、风、日灼等恶劣环境有较强的抵抗能力；对土壤、地势、栽培条件的要求不严格，酸性土壤下要加强肥水管理；坚果优质，主要病虫害种类为桃蛀螟、金龟子等；嫁接繁殖为主，耐修剪，每年修剪可有助于产量提高。

植株

花

叶片

果实

塘子1号

Castanea mollissima Blume 'Tangzi 1'

调查编号：LITZLJS102

所属树种：板栗 *Castanea mollissima* Blume

提 供 人：张卫国
电　　话：13552596591
住　　址：北京市密云区大城子镇南沟村

调 查 人：刘佳棽
电　　话：010-51503910
单　　位：北京市农林科学院农业综合发展研究所

调查地点：北京市密云区巨各庄镇塘子村

地理数据：GPS数据（海拔：116m，经度：E116°56'05"，纬度：N40°02'47"）

样本类型：种子

生境信息

来源于当地，最大树龄60年，生长于平地，为耕地，土壤质地为砂壤土。种植年限为13年，现存200株。

植物学信息

1. 植株情况

乔木，树势中等，树姿开张，树形圆头形。树高10.5m，冠幅东西9.2m、南北8.1m；干高1.6m，干周60cm，主干褐色，皮块状裂，枝条密。

2. 植物学特征

1年生枝黄绿色，短而粗，节间平均长2.0cm，平均粗度为0.65cm；嫩梢上无茸毛，多年生枝银灰色；混合芽三角形，与副芽间距；雄花序平均长度19.8cm，雄花芽数量多，雄花数中等，柱头淡黄色；果实椭圆形，果皮淡绿色，果面茸毛少，青皮中等薄，栗苞较易脱离。

3. 果实性状

坚果椭圆形，纵径2.1cm，横径2.5cm，侧径1.8cm，坚果重8.1g，有光泽，茸毛稀，边果椭圆形，筋线不明显，底座小而光滑；壳面光滑，颜色深；核仁充实饱满，浅黄色，核仁香甜，淀粉含量47.5%，蛋白质含量3.99%；涩皮易剥离。

4. 生物学习性

萌芽力强，发枝力强，新梢一年平均长109cm，生长势强。早实，开始结果年龄为第3年，盛果期年龄第6年以后；果台副梢抽生及连续结果能力强，全树各部位结果均衡。坐果力中等，生理落果少，采前落果少，丰产，大小年显著，单株平均产量（盛果期）60kg。4月下旬萌芽，雄花盛开期为6月中旬，雌花盛开期为6月中旬，雄花序凋落期为7月上旬，果实采收期为9月中旬，落叶期为11月上旬。

品种评价

植株高产，抗旱，耐贫瘠，广适性好，对寒、旱、瘠、盐、风、日灼等恶劣环境有较强的抵抗能力；对土壤、地势、栽培条件的要求不严格，酸性土壤下要加强肥水管理；坚果优质，主要病虫害种类为桃蛀螟等；嫁接繁殖为主，耐修剪，每年修剪可有助于产量提高。本品种平均每个结果母枝抽生结果枝4条，每个结果枝着生栗苞2.2个，每个栗苞内有坚果2.4粒，10年生树每667m²产量150~220kg，丰产性较好。

植株

花

枝叶

果实

塘子3号

Castanea mollissima Blume 'Tangzi 3'

调查编号：LITZLJS104

所属树种：板栗 *Castanea mollissima* Blume

提 供 人：张卫国
电　　话：13552596591
住　　址：北京市密云区大城子镇南沟村

调 查 人：刘佳岑
电　　话：010-51503910
单　　位：北京市农林科学院农业综合发展研究所

调查地点：北京市密云区巨各庄镇塘子村

地理数据：GPS数据（海拔：116m，经度：E116°56'07"，纬度：N40°02'48"）

样本类型：种子

生境信息

来源于当地，生长于田间平地，为耕地上的人工林，土壤质地为砂壤土。种植年限为90年，现存1株。

植物学信息

1. 植株情况

乔木，树势强，树姿开张，树形圆头形。树高9m，冠幅东西13.5m、南北10.1m；干高1.66m，干周250cm，主干褐色，皮块状裂，枝条密度中等。

2. 植物学特征

1年生枝黄绿色，中等长粗，节间平均长1.9cm，平均粗度为0.55cm；嫩梢上无茸毛，多年生枝银灰色；混合芽三角形，与副芽间距；雄花序平均长度18.2cm，雄花芽数量多，雄花数少，柱头淡黄色；果实椭圆形，果皮淡绿色，果面茸毛少，栗苞较易脱离。

3. 果实性状

坚果扁圆形，纵径2.9cm，横径2.8cm，侧径2.0cm，坚果重9.0g，有光泽，茸毛稀，边果椭圆形，筋线不明显，底座小而不光滑；壳面光滑，颜色深；核仁充实饱满，浅黄色，核仁香甜，淀粉含量44.6%，蛋白质含量4.01%；涩皮易剥离。

4. 生物学习性

萌芽力强，发枝力强，新梢一年平均长106cm，生长势强。坐果力中等，生理落果少，采前落果少，产量低，大小年不显著，单株平均产量（盛果期）40kg。5月上旬萌芽，雄花盛开期为6月上中旬，雌花盛开期为6月中下旬，雄花序凋落期为7月上旬，果实采收期为9月中旬，落叶期为11月上旬。

品种评价

植株抗旱，耐贫瘠，广适性好，对寒、旱、瘠、盐、风、日灼等恶劣环境有较强的抵抗能力；对土壤、地势、栽培条件的要求不严格，酸性土壤下要加强肥水管理；坚果优质，主要病虫害种类为桃蛀螟等；嫁接繁殖为主，耐修剪，每年修剪可有助于产量提高。

株林

枝叶

花

果实

六渡河 1 号

Castanea mollissima Blume 'Liuduhe 1'

调查编号： LITZLJS105

所属树种： 板栗 *Castanea mollissima* Blume

提 供 人： 王金宝
电 话： 13683065823
住 址： 北京市怀柔区板栗试验站

调 查 人： 刘佳芬
电 话： 010-51503910
单 位： 北京市农林科学院农业综合发展研究所

调查地点： 北京市怀柔区渤海镇渤海所村

地理数据： GPS数据（海拔：175m，经度：E116°27'42"，纬度：N40°24'47"）

样本类型： 种子

生境信息

来源于当地，最大树龄160年，生长于田间平地中，耕地，土壤质地为砂壤土。种植年限为20年，现存500株。

植物学信息

1. 植株情况

乔木，树势中等，树姿开张，树形圆头形。树高10.3m，冠幅东西7.5m、南北6.4m；干高1.5m，干周75cm，主干褐色，皮块状裂，枝条密。

2. 植物学特征

1年生枝黄绿色，短而粗，节间平均长11cm，平均粗度为0.45cm；嫩梢上无茸毛，多年生枝银灰色；混合芽三角形，与副芽间距；雄花序平均长度18.8cm，雄花芽数量多，雄花数多，柱头黄绿色；果实椭圆形，果皮淡绿色，果面茸毛少，栗苞较易脱离。

3. 果实性状

坚果椭圆形，纵径2.0cm，横径1.9cm，侧径1.8cm，坚果重8.0g，有光泽，茸毛稀，边果椭圆形，筋线不明显，底座小而不光滑；壳面光滑，颜色深；核仁充实饱满，黄色，核仁香甜，淀粉含量49.5%，蛋白质含量3.8%；涩皮易剥离。

4. 生物学习性

萌芽力中等，发枝力强，新梢一年平均长99cm，生长势强。早实，开始结果年龄为第4年，盛果期年龄第6年以后；坐果力中等，生理落果少，采前落果少，丰产，大小年不显著，单株平均产量（盛果期）40kg。4月下旬萌芽，雄花盛开期为6月上旬，雌花盛开期为6月中旬，雄花序凋落期为7月上旬，果实采收期为9月中旬，落叶期为11月上旬。

品种评价

植株广适性好，抗旱，耐贫瘠，对寒、旱、瘠、盐、风、日灼等恶劣环境有较强的抵抗能力；对土壤、地势、栽培条件的要求不严格，酸性土壤下要加强肥水管理；坚果优质，主要病虫害种类为桃蛀螟等；嫁接繁殖为主，耐修剪，每年修剪可有助于产量提高。平均每个结果母枝抽生结果枝4.2条，每个结果枝着生栗苞2.1个，每个栗苞内有坚果2.6粒，10年生树每667m²产量150~200kg，丰产性较好。

植株

花

枝叶

果实

六渡河 2 号

Castanea mollissima Blume 'Liuduhe 2'

调查编号：LITZLJS106

所属树种：板栗 *Castanea mollissima* Blume

提 供 人：王金宝
电　　话：13683065823
住　　址：北京市怀柔区板栗试验站

调 查 人：刘佳琴
电　　话：010-51503910
单　　位：北京市农林科学院农业综合发展研究所

调查地点：北京市怀柔区渤海镇渤海所村

地理数据：GPS数据（海拔：175m，经度：E116°27'42"，纬度：N40°24'47"）

样本类型：种子

生境信息

来源于当地，生长于田间平地中，土地为耕地，土壤质地为砂壤土，pH7.1。种植年限为50年，现存1株。

植物学信息

1. 植株情况

乔木，树势强，树姿半开张，树形圆头形。树高7.8m，冠幅东西11.5m、南北8.6m；干高1.7m，干周190cm，主干褐色，皮块状裂，枝条密度中等。

2. 植物学特征

1年生枝黄绿色，中等长度，中等粗度；嫩梢上无茸毛，多年生枝银灰色；混合芽三角形，与副芽间距；雄花序平均长度18.1cm，雄花芽数量多，雄花数中等，柱头黄绿色；果实椭圆形，果皮淡绿色，果面茸毛少，栗苞较易脱离。

3. 果实性状

坚果椭圆形，纵径2.0cm，横径1.8cm，侧径1.7cm，坚果重6.8g，有光泽，茸毛稀，边果椭圆形，筋线不明显，底座大而不光滑；壳面光滑，颜色深；核仁充实饱满，浅黄色，核仁香甜，淀粉含量46.4%，蛋白质含量4.22%；涩皮易剥离。

4. 生物学习性

萌芽力中等，发枝力中等，新梢一年平均长95cm，生长势强。坐果力中等，生理落果少，采前落果少，产量中等，大小年不显著，单株平均产量（盛果期）30kg。5月上旬萌芽，雄花盛开期为6月上中旬，雌花盛开期为6月中下旬，雄花序凋落期为7月上旬，果实采收期为9月中旬，落叶期为11月上旬。

品种评价

植株广适性好，抗旱，耐贫瘠，对寒、旱、瘠、盐、风、日灼等恶劣环境有较强的抵抗能力；对土壤、地势、栽培条件的要求不严格，酸性土壤下要加强肥水管理；坚果优质，主要病虫害种类为桃蛀螟等；嫁接繁殖为主，耐修剪，每年修剪可有助于产量提高。该品种果实个头较小，产量低，但单果品质佳，含糖量达到29.32%，口感香甜。适宜庭院栽植，不宜大量推广。

植株

雌花

雄花

果实

六渡河 3 号

Castanea mollissima Blume 'Liuduhe 3'

调查编号：LITZLJS107

所属树种：板栗 *Castanea mollissima* Blume

提 供 人：王金宝
电　　话：13683065823
住　　址：北京市怀柔区板栗试验站

调 查 人：刘佳芬
电　　话：010-51503910
单　　位：北京市农林科学院农业综合发展研究所

调查地点：北京市怀柔区渤海镇渤海所村

地理数据：GPS数据（海拔：175m，经度：E116°27'42"，纬度：N40°24'47"）

样本类型：种子

生境信息

来源于当地，最大树龄50年，生长于田间平地中，土地为耕地，土壤质地为砂壤土。种植年限为10年，现存100株。

植物学信息

1. 植株情况

乔木，树势中等，树姿开张，树形圆头形。树高7m，冠幅东西7.2m、南北6.5m；干高1.1m，干周75cm，主干褐色，皮块状裂，枝条密。

2. 植物学特征

1年生枝黄绿色，长度短，中等粗度；嫩梢上无茸毛，多年生枝银灰色；混合芽三角形，与副芽间距；雄花序平均长度15.8cm，雄花芽数量多，雄花数中等，柱头黄绿色；果实椭圆形，果皮淡绿色，果面茸毛少，栗苞较易脱离。

3. 果实性状

坚果扁圆形，纵径2.5cm，横径2.4cm，侧径1.9cm，坚果重8.3g，有光泽，茸毛稀，边果椭圆形，筋线不明显，底座小而光滑；壳面光滑，颜色深；核仁充实饱满，浅黄色，核仁香甜，淀粉含量47.5%，蛋白质含量3.28%；涩皮易剥离。

4. 生物学习性

萌芽力强，发枝力中等，新梢一年平均长95cm，生长势强。早实，开始结果年龄为第3年，盛果期年龄第6年以后；坐果力中等，生理落果少，采前落果少，丰产，大小年不显著，单株平均产量（盛果期）10kg。4月下旬萌芽，雄花盛开期为6月上中旬，雌花盛开期为6月中旬，雄花序凋落期为7月上旬，果实采收期为9月中旬，落叶期为11月上旬。

品种评价

植株高产，广适性好，抗旱，耐贫瘠，对寒、旱、瘠、盐、风、日灼等恶劣环境有较强的抵抗能力；对土壤、地势、栽培条件的要求不严格，酸性土壤下要加强肥水管理；坚果优质，主要病虫害种类为桃蛀螟等；嫁接繁殖为主，耐修剪，每年修剪可有助于产量提高。

植株

花

叶片

枝叶

果实

北庄1号

Castanea mollissima Blume 'Beizhuang 1'

调查编号：LITZLJS108

所属树种：板栗 *Castanea mollissima* Blume

提 供 人：张卫国
电　　话：13552596591
住　　址：北京市密云区大城子镇南沟村

调 查 人：刘佳梦
电　　话：010-51503910
单　　位：北京市农林科学院农业综合发展研究所

调查地点：北京市密云区北庄镇

地理数据：GPS数据（海拔：185m，经度：E116°27'42"，纬度：N40°24'47"）

样本类型：种子

生境信息

来源于当地，最大树龄50年，生长于山间平地，为耕地，土壤质地为砂壤土。种植年限为10年，现存2株。

植物学信息

1. 植株情况

乔木，树势中等，树姿开张，树形圆头形。树高8.5m，冠幅东西7.2m、南北6.4m；干高1.5m，干周75cm，主干褐色，皮块状裂，枝条密。

2. 植物学特征

1年生枝黄绿色，枝条短而粗，节间平均长1.9cm，平均粗度为0.56cm；嫩梢上无茸毛，多年生枝银灰色；混合芽三角形，与副芽间距；雄花序平均长度15.3cm，雄花芽数量多，雄花数少，柱头淡黄色；果实椭圆形，果皮淡绿色，果面茸毛少，栗苞较易脱离。

3. 果实性状

坚果扁圆形，纵径2.0cm，横径2.3cm，侧径2.0cm，坚果重9.5g，有光泽，茸毛稀，边果椭圆形，筋线不明显，底座小而光滑；壳面光滑，颜色深；核仁充实饱满，黄色，核仁香甜，淀粉含量46.5%，蛋白质含量4.02%；涩皮易剥离。

4. 生物学习性

萌芽力强，发枝力中等，新梢一年平均长103cm，生长势强。早实，开始结果年龄为第3年，盛果期年龄第6年以后；坐果力中等，生理落果少，采前落果少，丰产，大小年不显著，单株平均产量（盛果期）33.5kg。4月下旬萌芽，雄花盛开期为6月中旬，雌花盛开期为6月中旬，雄花序凋落期为7月上旬，果实采收期为9月中下旬，落叶期为11月上旬。

品种评价

植株抗旱，耐贫瘠，广适性好，对寒、旱、瘠、盐、风、日灼等恶劣环境有较强的抵抗能力；对土壤、地势、栽培条件的要求不严格，酸性土壤下要加强肥水管理；坚果优质，主要病虫害种类为桃蛀螟等；嫁接繁殖为主，耐修剪，每年修剪可有助于产量提高。

花

植株

叶片

果实

北庄 2 号

Castanea mollissima Blume 'Beizhuang 2'

调查编号：LITZLJS109

所属树种：板栗 *Castanea mollissima* Blume

提 供 人：张卫国
电　　话：13552596591
住　　址：北京市密云区大城子镇南沟村

调 查 人：刘佳梦
电　　话：010-51503910
单　　位：北京市农林科学院农业综合发展研究所

调查地点：北京市密云区北庄镇

地理数据：GPS数据（海拔：185m，经度：E116°27'42"，纬度：N40°24'47"）

样本类型：种子

生境信息

来源于当地，最大树龄60年，生长于山间平地，为耕地，土壤质地为壤土。种植年限为20年，现存20株。

植物学信息

1. 植株情况

乔木，树势中等，树姿开张，树形圆头形。树高9.5m，冠幅东西6.2m、南北6.1m；干高1.4m，干周85cm，主干褐色，皮块状裂，枝条密。

2. 植物学特征

1年生枝黄绿色，枝条短而粗，节间平均长2.1cm，平均粗度为0.52cm；嫩梢上无茸毛，多年生枝银灰色；混合芽长圆形，与副芽间距；雄花序平均长度17.1cm，雄花芽数量多，雄花数少，柱头淡黄色；果实椭圆形，果皮淡绿色，果面茸毛少，栗苞较易脱离。

3. 果实性状

坚果扁圆形，纵径2.2cm，横径2.2cm，侧径1.8cm，坚果重8.7g，有光泽，茸毛稀，边果椭圆形，筋线不明显，底座小而光滑；壳面光滑，颜色深；核仁充实饱满，黄色，核仁香甜，淀粉含量41.5%，蛋白质含量3.83%；涩皮易剥离。

4. 生物学习性

萌芽力强，发枝力强，新梢一年平均长95cm，生长势强。早实，开始结果年龄为第3年，盛果期年龄第6年以后；坐果力中等，生理落果少，采前落果少，丰产，大小年不显著，单株平均产量（盛果期）41kg。4月下旬萌芽，雄花盛开期为6月上中旬，雌花盛开期为6月中旬，雄花序凋落期为7月上旬，果实采收期为9月中旬，落叶期为11月上旬。

品种评价

植株高产，耐贫瘠，广适性好，对寒、旱、瘠、盐、风、日灼等恶劣环境有较强的抵抗能力；对土壤、地势、栽培条件的要求不严格，酸性土壤下要加强肥水管理；坚果优质，主要病虫害种类为桃蛀螟等；嫁接繁殖为主，耐修剪，每年修剪可有助于产量提高。

植株

叶片

果实

花

北庄 3 号

Castanea mollissima Blume 'Beizhuang 3'

调查编号：LITZLJS110

所属树种：板栗 *Castanea mollissima* Blume

提 供 人：张卫国
电　　话：13552596591
住　　址：北京市密云区大城子镇南沟村

调 查 人：刘佳芩
电　　话：010-51503910
单　　位：北京市农林科学院农业综合发展研究所

调查地点：北京市密云区北庄镇

地理数据：GPS数据（海拔：189m，经度：E116°27'42"，纬度：N40°24'47"）

样本类型：种子

生境信息

来源于当地，生长于山间平地，为耕地，土壤质地为砂壤土，pH7.5。种植年限为15年，现存1株。

植物学信息

1. 植株情况

乔木，树势强，树姿开张，树形圆头形。树高7m，冠幅东西10.5m、南北8.5m；干高1.6m，干周220cm，主干褐色，皮块状裂，枝条密度中等。

2. 植物学特征

1年生枝黄绿色，枝条长度和粗度中等，节间平均长1.9cm，平均粗度为0.45cm；嫩梢上无茸毛，多年生枝银灰色；混合芽三角形，与副芽间距；雄花序平均长度16.5cm，雄花芽数量多，雄花数中等，柱头黄绿色；果实椭圆形，果皮淡绿色，果面茸毛少，栗苞较易脱离。

3. 果实性状

坚果椭圆形，纵径2.3cm，横径2.0cm，侧径1.9cm，坚果重7.2g，有光泽，茸毛密，边果椭圆形，筋线不明显，底座小而光滑；壳面光滑，颜色深；核仁充实饱满，浅黄色，核仁香甜，淀粉含量45.23%，蛋白质含量3.65%；涩皮易剥离。

4. 生物学习性

萌芽力强，发枝力强，新梢一年平均长92cm，生长势强。早实，开始结果年龄为第2年，盛果期年龄第6年以后；坐果力强，生理落果少，采前落果少，丰产，大小年不显著，单株平均产量（盛果期）42.5kg。5月上旬萌芽，雄花盛开期为6月中旬，雌花盛开期为6月中下旬，雄花序凋落期为7月上旬，果实采收期为9月中下旬，落叶期为11月上旬。

品种评价

植株高产，耐贫瘠，广适性好，对寒、旱、瘠、盐、风、日灼等恶劣环境有较强的抵抗能力；对土壤、地势、栽培条件的要求不严格，酸性土壤下要加强肥水管理；坚果优质，主要病虫害种类为桃蛀螟等；嫁接繁殖为主，耐修剪，每年修剪可有助于产量提高。

植株

叶片

果实

花

北庄 4 号

Castanea mollissima Blume 'Beizhuang 4'

调查编号：LITZLJS111

所属树种：板栗 *Castanea mollissima* Blume

提 供 人：张卫国
电　　话：13552596591
住　　址：北京市密云区大城子镇南沟村

调 查 人：刘佳芩
电　　话：010-51503910
单　　位：北京市农林科学院农业综合发展研究所

调查地点：北京市密云区北庄镇

地理数据：GPS数据（海拔：160m，经度：E119°27'42"，纬度：N40°23'45"）

样本类型：种子

生境信息

来源于当地，最大树龄70年，生长于山间平地，为耕地，土壤质地为壤土。种植年限为10年，现存200株。

植物学信息

1. 植株情况

乔木，树势中等，树姿开张，树形圆头形。树高10.5m，冠幅东西11.2m、南北9.6m；干高1.5m，干周98cm，主干褐色，皮块状裂，枝条密。

2. 植物学特征

1年生枝黄绿色，枝条短而粗，节间平均长2.0cm，平均粗度为0.43cm；嫩梢上无茸毛，多年生枝银灰色；混合芽长圆形，与副芽间距；雄花序平均长度17.1cm，雄花芽数量多，雄花数少，柱头淡黄色；果实椭圆形，果皮淡绿色，果面茸毛少，栗苞较易脱离。

3. 果实性状

坚果椭圆形，纵径2.2cm，横径1.8cm，侧径1.6cm，坚果重6.4g，有光泽，茸毛稀，边果椭圆形，筋线不明显，底座小而光滑；壳面光滑，颜色深；核仁充实饱满，浅黄色，核仁香甜，淀粉含量41.5%，蛋白质含量7.03%；涩皮易剥离。

4. 生物学习性

萌芽力强，发枝力强，新梢一年平均长80cm，生长势强。早实，开始结果年龄为第4年，盛果期年龄第6年以后；中果枝结果为主；坐果力中等，生理落果少，采前落果少，丰产，大小年不显著，单株平均产量（盛果期）6kg。4月中旬萌芽，雄花盛开期为6月中旬，雌花盛开期为6月中旬，雄花序凋落期为6月下旬，果实采收期为9月中下旬，落叶期为11月上旬。

品种评价

植株高产，耐贫瘠，广适性好，对寒、旱、瘠、盐、风、日灼等恶劣环境有较强的抵抗能力；对土壤、地势、栽培条件的要求不严格，酸性土壤下要加强肥水管理；坚果优质，主要病虫害种类为桃蛀螟等；嫁接繁殖为主，耐修剪，每年修剪可有助于产量提高。

植株

花

叶

果实

良乡1号

Castanea mollissima Blume 'Liangxiang 1'

调查编号：LITZLJS112

所属树种：板栗 *Castanea mollissima* Blume

提 供 人：刘国彬
电　　话：010-51513100
住　　址：北京市农林科学院农业综合发展研究所

调 查 人：刘佳梦
电　　话：010-51503910
单　　位：北京市农林科学院农业综合发展研究所

调查地点：北京市密云区太师屯镇流河沟村

地理数据：GPS数据（海拔：205m，经度：E117°07′43″，纬度：N40°35′24″）

样本类型：枝条

生境信息

来源于外地，最大树龄10年，生长于山地，坡度为10°的坡地，为人工林，土壤质地为砂壤土。种植年限为10年，现存40株。

植物学信息

1. 植株情况

乔木，树势中等，树姿开张，树形圆头形。树高2.5m，冠幅东西3.5m、南北3.2m；干高1.5m，干周45cm，主干灰色，皮块状裂，枝条密度中等。

2. 植物学特征

1年生枝黄绿色，枝条长，节间平均长2.3cm；中等粗度，平均粗度为0.54cm；嫩梢上无茸毛，多年生枝灰褐色；混合芽三角形，与副芽间距；单叶叶长23.5cm，宽12.3cm；单叶椭圆形，叶色浅绿，叶尖渐尖，叶缘粗锯齿；有短针刺；雄花序平均长度20.3cm，雄花芽数量多，雄花数中等，柱头黄绿色；果实椭圆形，果皮绿色，果面茸毛少，栗苞较易脱离。

3. 果实性状

坚果椭圆形，纵径2.3cm，横径2.7cm，侧径1.7cm，坚果重8.2g，有光泽，茸毛稀，边果椭圆形，筋线不明显，底座大而光滑；壳面光滑，颜色中等，缝合线窄；核仁充实饱满，浅黄色，核仁香甜，淀粉含量47.5%，蛋白质含量4.1%；涩皮易剥离。

4. 生物学习性

萌芽力强，发枝力强，生长势强。早实，开始结果年龄为第3年，盛果期年龄为10年；长果枝结果为主，坐果力强，生理落果中等，采前落果中等，产量中等，大小年显著，单株平均产量（盛果期）4.5～6kg。4月中旬萌芽，雄花盛开期为6月中旬，雌花盛开期为6月中下旬，雄花序凋落期为7月中旬，果实采收期为9月下旬，落叶期为11月下旬。

品种评价

植株抗病，耐贫瘠，广适性好，对寒、旱、瘠、盐、风、日灼等恶劣环境的抵抗能力强；对土壤、地势、栽培条件的要求不严格，以花岗岩及片麻岩风化土为主；坚果优质，主要病虫害种类为红蜘蛛等；嫁接繁殖为主，耐修剪，每年修剪可有助于产量提高。

生境

植株

花

叶片

果实

无花栗

Castanea mollissima Blume 'Wuhuali'

调查编号：LITZLJS113

所属树种：板栗 *Castanea mollissima* Blume

提 供 人：王金宝
电　　话：13683065823
住　　址：北京市怀柔区板栗试验站

调 查 人：刘佳梦
电　　话：010-51503910
单　　位：北京市农林科学院农业综合发展研究所

调查地点：北京市怀柔区渤海镇渤海所村

地理数据：GPS数据（海拔：189m，经度：E116°27'43"，纬度：N40°24'49"）

样本类型：枝条

生境信息

来源于外地，最大树龄20年，生长于山地，坡度为20°的坡地，为人工林，土壤质地为砂壤土。种植年限为20年，现存1株。

植物学信息

1. 植株情况

乔木，树势中等，树姿开张，树形圆头形。树高2.5m，冠幅东西2.3m、南北2.6m；干高1.3m，干周95cm，主干灰色，皮块状裂，枝条密度中等。

2. 植物学特征

1年生枝黄绿色，枝条长，节间平均长2.2cm，中等粗度，平均粗为0.43cm；嫩梢上茸毛少，多年生枝灰褐色；混合芽三角形，与副芽间距；单叶椭圆形，叶色浅绿，叶尖渐尖，叶缘粗锯齿；有短针刺；雄花芽和雄花数量少，柱头黄绿色；果实椭圆形，果皮淡绿色，果面茸毛少，栗苞较易脱离。

3. 果实性状

坚果椭圆形，坚果重7.6g，有光泽，茸毛稀，边果椭圆形，筋线不明显，底座小而光滑；壳面光滑，颜色中等；核仁充实饱满，浅黄色，核仁香甜，淀粉含量45.6%，蛋白质含量4.3%；涩皮易剥离。

4. 生物学习性

萌芽力强，发枝力弱，生长势弱。晚实，开始结果年龄为第5年，盛果期年龄第12年以后；以长果枝和短果枝结果为主，坐果力强，生理落果少，采前落果少，丰产，大小年显著，单株平均产量（盛果期）3kg。4月中旬萌芽，雄花盛开期为6月中旬，雌花盛开期为6月中旬，雄花序凋落期为7月中旬，果实采收期为9月下旬，落叶期为11月下旬。

品种评价

植株广适性好，耐贫瘠，对寒、旱、瘠、盐、风、日灼等恶劣环境的抵抗能力一般；对土壤、地势、栽培条件的要求不严格，多生长在花岗岩和片麻岩风化土上；主要病虫害种类为红蜘蛛等；嫁接繁殖为主，耐修剪，每年修剪可有助于产量提高。该资源雄花序极少，混合花序短小，可作为重要的资源保存。

结果状

果实

果实

辛庄2号

Castanea mollissima Blume 'XinZhuang 2'

调查编号：LITZLJS114

所属树种：板栗 *Castanea mollissima* Blume

提 供 人：刘国彬
电　　话：010-51513100
住　　址：北京市农林科学院农业综合发展研究所

调 查 人：刘佳梦
电　　话：010-51503910
单　　位：北京市农林科学院农业综合发展研究所

调查地点：北京市密云区太师屯镇流河沟村

地理数据：GPS数据（海拔：202m，经度：E117°07'41"，纬度：N40°35'21"）

样本类型：枝条

生境信息

来源于外地，最大树龄70年，生长于山地，坡度为30°的坡地，为人工林，土壤质地为砂壤土。种植年限为10年，现存20株。

植物学信息

1. 植株情况

乔木，树势强，树姿半开张，树形半圆形。树高2.5m，冠幅东西3.2m、南北3.1m；干高1.2m，干周68cm，主干灰色，皮块状裂，枝条密度中等。

2. 植物学特征

1年生枝黄绿色，枝条长，节间平均长3.46cm；中等粗度，平均粗度为0.49cm；嫩梢上茸毛无，多年生枝灰褐色；混合芽三角形，与副芽间距；单叶叶长17.2cm，宽7.6cm；单叶椭圆形，叶色浅绿，叶尖渐尖，叶缘粗锯齿；有短针刺；雄花序平均长度13.8cm，雄花芽数量多，雄花数中等，柱头黄绿色；果实椭圆形，果皮绿色，果面茸毛少，栗苞较易脱离。

3. 果实性状

坚果椭圆形，纵径2.63cm，横径3.3cm，侧径2.3cm，坚果重12.05g，有光泽，茸毛稀，边果椭圆形，筋线不明显，底座大而光滑；壳面光滑，颜色中等，缝合线窄；出仁率42%；核仁充实饱满，颜色浅黄色，核仁香甜，淀粉含量34.1%，蛋白质含量5.12%；涩皮易剥离。

4. 生物学习性

萌芽力强，发枝力强，生长势强。早实，开始结果年龄为第4年，盛果期年龄为8年；长中果枝结果为主，坐果力强，生理落果中等，采前落果中等，丰产，大小年不显著，单株平均产量（盛果期）5kg。4月中旬萌芽，雄花盛开期为6月上中旬，雌花盛开期为6月中旬，雄花序凋落期为7月中旬，果实采收期为9月下旬，落叶期为11月下旬。

品种评价

植株高产，抗病，耐贫瘠，广适性好，对寒、旱、瘠、盐、风、日灼等恶劣环境的抵抗能力强；对土壤、地势、栽培条件的要求不严格，以花岗岩及片麻岩风化土为主；坚果优质，主要病虫害种类为红蜘蛛等；嫁接繁殖为主，耐修剪，每年修剪可有助于产量提高。

辛庄 2 号

叶片

果实

花

流河沟 1 号

Castanea mollissima Blume 'Liuhegou 1'

调查编号：LITZLJS115

所属树种：板栗 *Castanea mollissima* Blume

提 供 人：刘国彬
电　话：010-51513100
住　址：北京市农林科学院农业综合发展研究所

调 查 人：刘佳棽
电　话：010-51503910
单　位：北京市农林科学院农业综合发展研究所

调查地点：北京市密云区太师屯镇流河沟村

地理数据：GPS数据（海拔：202m，经度：E117°07'41"，纬度：N40°35'22"）

样本类型：枝条

生境信息

来源于外地，最大树龄10年，生长于山地，坡度为15°的坡地，为人工林，土壤质地为砂壤土。种植年限为10年，现存5株。

植物学信息

1. 植株情况

乔木，树势中等，树姿开张，树形半圆形。树高1.5m，冠幅东西0.82m、南北0.75m；干高1.0m，干周8cm，主干灰色，皮块状裂，枝条密度中等。

2. 植物学特征

1年生枝黄绿色，枝条短而细，节间平均长1.3c，平均粗度为0.46cm；嫩梢上茸毛少，多年生枝灰褐色；混合芽三角形，与副芽间距；单叶椭圆形，叶色浅绿，叶尖渐尖，叶缘粗锯齿；有短针刺；雄花序平均长度18.3cm，雄花芽数量多，雄花数中等，柱头黄绿色；果实椭圆形，果皮绿色，果面茸毛少，栗苞较易脱离。

3. 果实性状

坚果椭圆形，纵径2.2cm，横径2.3cm，侧径1.8cm，坚果重7.3g，有光泽，茸毛稀，边果椭圆形，筋线不明显，底座大而光滑；壳面光滑，颜色中等，缝合线窄；核仁充实饱满，浅黄色，核仁香甜，淀粉含量46.8%，蛋白质含量5.05%；涩皮易剥离。

4. 生物学习性

萌芽力弱，发枝力弱，生长势弱。晚实，开始结果年龄为第5年，盛果期年龄为12年；长短果枝结果为主，坐果力弱，生理落果少，采前落果少，产量低，大小年显著，单株平均产量（盛果期）2.5kg。4月上旬萌芽，雄花盛开期为6月中旬，雌花盛开期为6月中旬，雄花序凋落期为7月上旬，果实采收期为9月下旬，落叶期为11月下旬。

品种评价

植株耐贫瘠，广适性好，对寒、旱、瘠、盐、风、日灼等恶劣环境的抵抗能力一般；对土壤、地势、栽培条件的要求不严格，以花岗岩及片麻岩风化土为主；坚果优质，主要病虫害种类为红蜘蛛等；嫁接繁殖为主，每年修剪可有助于产量提高。

植株

叶片

花

果实

流河沟 2 号

Castanea mollissima Blume 'Liuhegou 2'

调查编号：LITZLJS116

所属树种：板栗 *Castanea mollissima* Blume

提 供 人：刘国彬
电　　话：010-51513100
住　　址：北京市农林科学院农业综合发展研究所

调 查 人：刘佳芬
电　　话：010-51503910
单　　位：北京市农林科学院农业综合发展研究所

调查地点：北京市密云区太师屯镇流河沟村

地理数据：GPS数据（海拔：202m，经度：E117°07′40″，纬度：N40°35′21″）

样本类型：枝条

生境信息

来源于外地，最大树龄9年，生长于山地，坡度为10°的坡地，为人工林，土壤质地为砂壤土。种植年限为9年，现存1株。

植物学信息

1. 植株情况

乔木，树势弱，树姿开张，树形半圆形。树高3.0m，冠幅东西2.5m、南北3.2m；干高1.2m，干周10cm，主干灰色，皮块状裂，枝条密度中等。

2. 植物学特征

1年生枝黄绿色，枝条短，节间平均长3.2cm；枝条细，平均粗度为0.42cm；嫩梢上茸毛少，多年生枝灰褐色；混合芽三角形，与副芽间距；单叶椭圆形，叶色浅绿，叶尖渐尖，叶缘粗锯齿；有短针刺；雄花序平均长度20.3cm，雄花芽数量多，雄花数中等，柱头黄绿色；果实椭圆形，果皮绿色，果面茸毛少，栗苞较易脱离。

3. 果实性状

坚果椭圆形，坚果重8.1g，有光泽，茸毛稀，边果椭圆形，筋线不明显，底座大而光滑；壳面光滑，颜色中等，缝合线窄；核仁充实饱满，浅黄色，核仁香甜，淀粉含量40.7%，蛋白质含量4.6%；涩皮易剥离。

4. 生物学习性

萌芽力强，发枝力强，新梢一年平均长95cm，生长势强。晚实，开始结果年龄为第5年，盛果期年龄为12年；长中果枝结果为主，坐果力弱，生理落果中等，采前落果中等，产量低，大小年显著，单株平均产量（盛果期）2.5kg。4月中旬萌芽，雄花盛开期为6月中旬，雌花盛开期为6月中下旬，雄花序凋落期为7月中旬，果实采收期为9月下旬，落叶期为11月下旬。

品种评价

植株抗旱，耐贫瘠，对寒、旱、瘠、盐、风、日灼等恶劣环境的抵抗能力较弱；对土壤、地势、栽培条件的要求不严格，以花岗岩及片麻岩风化土为主；主要病虫害种类为红蜘蛛等；嫁接繁殖为主，耐修剪，每年修剪可有助于产量提高。

植株

叶片

花

结果状

果实

流河沟 3 号

Castanea mollissima Blume 'Liuhegou 3'

调查编号：LITZLJS117

所属树种：板栗 *Castanea mollissima* Blume

提 供 人：刘国彬
电　　话：010-51513100
住　　址：北京市农林科学院农业综合发展研究所

调 查 人：刘佳棽
电　　话：010-51503910
单　　位：北京市农林科学院农业综合发展研究所

调查地点：北京市密云区太师屯镇流河沟村

地理数据：GPS数据（海拔：202m，经度：E117°07'40"，纬度：N40°35'20"）

样本类型：枝条

生境信息

来源于外地，最大树龄10年，生长于山地，坡度为10°的坡地，为人工林，土壤质地为砂壤土。种植年限为10年，现存2株。

植物学信息

1. 植株情况

乔木，树势弱，树姿开张，树形圆头形。树高2.2m，冠幅东西1.35m、南北2.13m；干高1.2m，干周7cm，主干灰色，皮块状裂，枝条密度中等。

2. 植物学特征

1年生枝黄绿色，枝条短，节间平均长2.5cm；枝条细，平均粗度为0.43cm；嫩梢上茸毛少，多年生枝灰褐色；混合芽三角形，与副芽间距；单叶椭圆形，叶色浅绿，叶尖渐尖，叶缘粗锯齿；有短针刺；雄花序平均长度19.6cm，雄花芽数量多，雄花数中等，柱头黄绿色；果实椭圆形，果皮绿色，果面茸毛少，栗苞较易脱离。

3. 果实性状

坚果椭圆形，坚果重8.6g，坚果无光泽，茸毛稀，边果椭圆形，筋线不明显，底座大而光滑；壳面光滑，颜色中等，缝合线窄；核仁充实饱满，浅黄色，核仁香甜，淀粉含量43%，蛋白质含量4.3%；涩皮易剥离。

4. 生物学习性

萌芽力强，发枝力强，新梢一年平均长105cm，生长势强。早实，开始结果年龄为第3年，盛果期年龄为10年；长中果枝结果为主，坐果力弱，生理落果中等，采前落果中等，产量中等，大小年显著，单株平均产量（盛果期）3kg。4月中旬萌芽，雄花盛开期为6月中旬，雌花盛开期为6月中下旬，雄花序凋落期为7月中旬，果实采收期为9月上旬，落叶期为11月下旬。

品种评价

植株耐贫瘠，对寒、旱、瘠、盐、风、日灼等恶劣环境的抵抗能力一般；对土壤、地势、栽培条件的要求不严格，以花岗岩及片麻岩风化土为主；坚果早熟，主要病虫害种类为红蜘蛛等；嫁接繁殖为主，耐修剪，每年修剪可有助于产量提高。

植株

叶片

花

果实

流河沟 4 号

Castanea mollissima Blume 'Liuhegou 4'

调查编号：LITZLJS118

所属树种：板栗 *Castanea mollissima* Blume

提 供 人：刘国彬
电　　话：010-51513100
住　　址：北京市农林科学院农业综合发展研究所

调 查 人：刘佳棽
电　　话：010-51503910
单　　位：北京市农林科学院农业综合发展研究所

调查地点：北京市密云区太师屯镇流河沟村

地理数据：GPS数据（海拔：196m，经度：E116°36'10"，纬度：N40°31'52"）

样本类型：枝条

生境信息

来源于外地，最大树龄10年，生长于山地，坡度为10°的坡地，为人工林，土壤质地为砂壤土。种植年限为10年，现存5株。

植物学信息

1. 植株情况

乔木，树势中等，树姿开张，树形半圆形。树高2.3m，冠幅东西2.8m、南北2.6m；干高1.2m，干周35cm，主干灰色，皮块状裂，枝条密度中等。

2. 植物学特征

1年生枝黄绿色，枝条长，中等粗度，平均粗度为0.52cm；嫩梢上茸毛少，多年生枝灰褐色；混合芽三角形，与副芽间距；单叶椭圆形，叶色浅绿，叶尖渐尖，叶缘粗锯齿；有短针刺；雄花序平均长度21.5cm，雄花芽数量多，雄花数中等，柱头黄绿色；果实椭圆形，果皮绿色，果面茸毛少，栗苞较易脱离。

3. 果实性状

坚果椭圆形，坚果重8.0g，有光泽，茸毛稀，边果椭圆形；壳面光滑，颜色中等，缝合线窄；核仁充实饱满，浅黄色，核仁香甜，淀粉含量40.6%，蛋白质含量4.8%；涩皮易剥离。

4. 生物学习性

萌芽力强，发枝力强，生长势强。早实，开始结果年龄为第3年，盛果期年龄为10年；长中果枝结果为主，坐果力强，生理落果中等，采前落果中等，产量中等，大小年不显著，单株平均产量（盛果期）3kg。4月上旬萌芽，雄花盛开期为6月上旬，雌花盛开期为6月上旬，雄花序凋落期为7月上旬，果实采收期为8月下旬，落叶期为11月下旬。

品种评价

植株高产，抗病，耐贫瘠，广适性好，对寒、旱、瘠、盐、风、日灼等恶劣环境的抵抗能力一般；对土壤、地势、栽培条件的要求不严格，以花岗岩及片麻岩风化土为主；坚果早熟优质，主要病虫害种类为红蜘蛛等；嫁接繁殖为主，耐修剪，每年修剪可有助于产量提高。

植株

花

叶片

果实

杨家峪 3113

Castanea mollissima Blume 'Yangjiayu 3113'

调查编号：LITZLJS119

所属树种：板栗 *Castanea mollissima* Blume

提 供 人：刘国彬
电　　话：010-51513100
住　　址：北京市农林科学院农业综合发展研究所

调 查 人：刘佳梾
电　　话：010-51503910
单　　位：北京市农林科学院农业综合发展研究所

调查地点：河北省唐山市迁西县汉儿庄乡杨家峪村

地理数据：GPS数据（海拔：139m，经度：E118°13'06"，纬度：N40°22'43"）

样本类型：种子、枝条

生境信息

来源于外地，最大树龄30年，生长于平原，为耕地，土壤质地为砂壤土。种植年限为30年，现存30株。

植物学信息

1. 植株情况

乔木，树势强，树姿开张，树形半圆形。树高3.8m，冠幅东西3.6m、南北2.7m；干高0.6m，干周87cm，主干深褐色，皮块状裂，枝条密度中等。

2. 植物学特征

1年生枝黄绿色，枝条长，节间平均长1.5cm，中等粗度；嫩梢上茸毛少，白色；多年生枝灰褐色；混合芽三角形，与副芽间距；单叶椭圆形，叶色黄浅绿色，叶尖渐尖，叶缘粗锯齿；有短针刺；雄花序平均长度13.2cm，雄花芽数量多，雄花数中等，柱头黄绿色；果实卵形，果皮绿色，果面茸毛少，栗苞较易脱离。

3. 果实性状

坚果扁圆形，纵径1.9cm，横径2.3cm，侧径1.1cm，坚果重7.7g，有光泽，茸毛稀，边果半圆形，壳面光滑，颜色中等；壳厚度0.52mm（以两颊中心处的壳厚为准）；平均核仁重6.5g，核仁充实饱满，黄白色；核仁风味香甜；涩皮难剥离。

4. 生物学习性

萌芽力强，发枝力强，新梢一年平均长17cm，生长势强。晚实，盛果期年龄12年；多在树冠外围结果；坐果力强，生理落果少，产量中等，大小年显著，单株平均产量（盛果期）27.5kg。4月中旬萌芽，雄花盛开期为6月中旬，雌花盛开期为6月上中旬，雄花序凋落期为6月中旬，果实采收期为9月上旬，落叶期为11月上旬。

品种评价

植株抗旱，对寒、旱、瘠、盐、风、日灼等恶劣环境有较强抵抗能力；对土壤、地势、栽培条件的要求不严格。

植株

果实

花

叶片

杨家峪 107

Castanea mollissima Blume 'Yangjiayu 107'

- 调查编号： LITZLJS120

- 所属树种： 板栗 *Castanea mollissima* Blume

- 提 供 人： 刘国彬
  电　　话： 010-51513100
  住　　址： 北京市农林科学院农业综合发展研究所

- 调 查 人： 刘佳梦
  电　　话： 010-51503910
  单　　位： 北京市农林科学院农业综合发展研究所

- 调查地点： 河北省唐山市迁西县汉儿庄乡杨家峪村

- 地理数据： GPS数据（海拔：139m，经度：E118°13'06"，纬度：N40°22'43"）

- 样本类型： 种子、枝条

生境信息

来源于外地，生长于山地，为耕地，土壤质地为砂壤土。种植年限为50年，现存5株。

植物学信息

1. 植株情况

乔木，树势强，树姿开张，树形半圆形。树高7.9m，冠幅东西6.4m、南北5.6m；干高0.8m，干周210cm，主干褐色，皮块状裂，枝条密度疏。

2. 植物学特征

1年生枝黄绿色，枝条长，节间平均长1.8cm；中等粗度，嫩梢上茸毛少，白色；多年生枝灰褐色；混合芽三角形，与副芽间距；单叶椭圆形，叶色黄浅绿色，叶尖急尖，叶缘粗锯齿；有针刺；雄花序平均长度12.1cm，雄花芽数量多，雄花数中等，柱头黄绿色；果实卵形，果皮绿色，果面茸毛少，栗苞较易脱离。

3. 果实性状

坚果纵径1.8cm，横径2.6cm，侧径1.3cm，坚果重8.3g，有光泽，果皮红棕色，茸毛稀，边果半圆形，壳面光滑，颜色中等；壳厚度0.60mm（以两颊中心处的壳厚为准）；平均核仁重7.0g，核仁充实饱满，黄白色；核仁风味香甜；涩皮难剥离。

4. 生物学习性

萌芽力强，发枝力强，新梢一年平均长14cm，生长势强。晚实，盛果期年龄10年；多在树冠外围结果；坐果力中等，生理落果少，产量一般，大小年显著，单株平均产量（盛果期）30kg。4月中旬萌芽，雄花盛开期为6月中旬，雌花盛开期为6月上中旬，雄花序凋落期为6月中旬，果实采收期为9月上旬，落叶期为11月上旬。

品种评价

植株抗旱，耐贫瘠，抗病性好，对寒、旱、瘠、盐、风、日灼等恶劣环境有较强抵抗能力；对土壤、地势、栽培条件的要求不严格；主要病虫害种类栗绛蚧等；嫁接繁殖，每年修剪可有助于产量提高。

植株

花

枝叶

果实

后韩庄 20

Castanea mollissima Blume
'Houhanzhuang 20'

调查编号：LITZLJS121

所属树种：板栗 *Castanea mollissima* Blume

提 供 人：刘国彬
电　　话：010-51513100
住　　址：北京市农林科学院农业综合发展研究所

调 查 人：刘佳棽
电　　话：010-51503910
单　　位：北京市农林科学院农业综合发展研究所

调查地点：河北省唐山市迁西县东荒峪乡后韩庄

地理数据：GPS数据（海拔：130m，经度：E118°24'56"，纬度：N40°12'23"）

样本类型：种子、枝条

生境信息

来源于外地，最大树龄10年，生长于平地，为耕地，土壤质地为砂壤土。种植年限为60年，现存7株。

植物学信息

1. 植株情况

乔木，树势强，树姿开张，树形半圆形。树高2.3m，冠幅东西2.1m、南北1.8m；干高0.4m，干周27cm，主干褐色，皮块状裂，枝条密度中等。

2. 植物学特征

1年生枝黄绿色，枝条长，节间平均长1.8cm；中等粗度，嫩梢上茸毛少，白色；多年生枝灰褐色；混合芽三角形，与副芽间距；单叶椭圆形，叶色黄浅绿色，叶尖渐尖，叶缘粗锯齿；有短针刺；雄花序平均长度12.7cm，雄花芽数量多，雄花数中等，柱头黄绿色；果实椭圆形，果皮绿色，果面茸毛少，栗苞较易脱离。

3. 果实性状

坚果纵径1.8cm，横径1.6cm，侧径0.7cm，坚果重8.3g，有光泽，果皮红棕色，茸毛稀，边果半圆形，颜色中等；壳厚度0.57mm（以两颊中心处的壳厚为准）；平均核仁重6.3g，核仁充实饱满，黄白色；核仁风味香甜；涩皮难剥离。

4. 生物学习性

萌芽力强，发枝力强，新梢一年平均长20cm，生长势强。盛果期年龄10年；多在树冠外围结果；坐果力强，生理落果少，产量一般，大小年显著，单株平均产量（盛果期）27.5kg。4月中旬萌芽，雄花盛开期为6月中旬，雌花盛开期为6月上中旬，雄花序凋落期为6月中旬，果实采收期为9月上旬，落叶期为11月上旬。

品种评价

植株抗旱，耐贫瘠，耐涝性差，对寒、旱、瘠、盐、风、日灼等恶劣环境有较强抵抗能力；对土壤、地势、栽培条件的要求不严格；坚果优质；嫁接繁殖，每年修剪可有助于产量提高。

植株

雌花

叶片

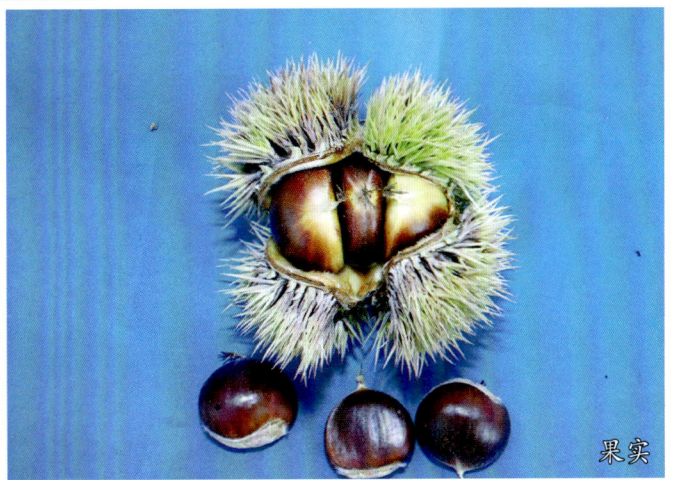

果实

大板 49 号

Castanea mollissima Blume 'Daban 49'

调查编号： LITZLJS122

所属树种： 板栗 *Castanea mollissima* Blume

提 供 人： 刘国彬
电　　话： 010-51513100
住　　址： 北京市农林科学院农业综合发展研究所

调 查 人： 刘佳梦
电　　话： 010-51503910
单　　位： 北京市农林科学院农业综合发展研究所

调查地点： 河北省承德市宽城满族自治县碾子峪乡大板村

地理数据： GPS数据（海拔：327m，经度：E118°31'35"，纬度：N40°26'56"）

样本类型： 种子、枝条

生境信息

来源于外地，最大树龄100年，生长于坡地，坡度为10°的坡地，为人工林，土壤质地为砂壤土。种植年限为60年，现存7株。

植物学信息

1. 植株情况

乔木，树势强，树姿开张，树形半圆形。树高10m，冠幅东西8m、南北6m；干高1.4m，干周310cm，主干深褐色，皮块状裂，枝条密度中等。

2. 植物学特征

1年生枝黄绿色，枝条长，节间平均长1.6cm；中等粗度，嫩梢上茸毛少，白色；多年生枝灰褐色；混合芽三角形，与副芽间距；单叶椭圆形，叶色黄浅绿色，叶尖急尖，叶缘粗锯齿；有短针刺；雄花序平均长度15cm，雄花芽数量多，雄花数中等，柱头黄绿色；果实椭圆形，果皮绿色，果面茸毛少，栗苞较易脱离。

3. 果实性状

坚果纵径1.5cm，横径1.9cm，侧径1.1cm，坚果重7.8g，有光泽，茸毛稀，边果半圆形，壳面光滑，颜色中等；壳厚度0.61mm（以两颊中心处的壳厚为准）；平均核仁重6.4g，核仁充实饱满，黄白色；核仁风味香甜；涩皮难剥离。

4. 生物学习性

萌芽力强，发枝力强，新梢一年平均长18cm，生长势强。盛果期年龄8年；多在树冠外围结果；坐果力强，生理落果少，采前落果中等，产量中等，大小年显著，单株平均产量（盛果期）30kg。4月中旬萌芽，雄花盛开期为6月上旬，雌花盛开期为6月中旬，雄花序凋落期为6月上中旬，果实采收期为9月上旬，落叶期为11月上旬。

品种评价

植株抗旱，耐贫瘠，抗病，对寒、旱、瘠、盐、风、日灼等恶劣环境抵抗能力较强；对土壤、地势、栽培条件的要求不严格；主要病虫害种类为桃蛀螟，嫁接繁殖，每年修剪可有助于产量提高。

植株

叶片

花

果实

下庄4号

Castanea mollissima Blume 'Xiazhuang 4'

- 调查编号：LITZLJS123

- 所属树种：板栗 *Castanea mollissima* Blume

- 提 供 人：刘国彬
  电　　话：010-51513100
  住　　址：北京市农林科学院农业综合发展研究所

- 调 查 人：刘佳棽
  电　　话：010-51503910
  单　　位：北京市农林科学院农业综合发展研究所

- 调查地点：北京市昌平区下庄乡下庄村

- 地理数据：GPS数据（海拔：150m，经度：E116°21'20"，纬度：N40°17'02"）

- 样本类型：枝条

生境信息

来源于外地，最大树龄60年，为田间坡地，土壤质地为砂壤土。种植年限为60年，现存10株。

植物学信息

1. 植株情况

乔木，树势强，树姿开张，树形半圆形。树高8m，冠幅东西8m、南北5m；干高1.4m，干周160cm，主干褐色，皮块状裂，枝条密度中等。

2. 植物学特征

1年生枝黄绿色，枝条长，节间平均长1.7cm；中等粗度，嫩梢上茸毛少，白色；多年生枝灰褐色；混合芽三角形，与副芽间距；叶色黄浅绿色，叶尖急尖，叶缘粗锯齿；有短针刺；雄花序平均长度14.1cm，雄花芽数量多，雄花数中等，柱头黄绿色；果实卵形，果皮绿色，果面茸毛少，栗苞较易脱离。

3. 果实性状

坚果卵圆形，纵径1.6cm，横径2.1cm，侧径1.0cm，坚果重8.2g，有光泽，茸毛稀，边果半圆形，壳面光滑，颜色中等；壳厚度0.58mm（以两颊中心处的壳厚为准）；平均核仁重6.6g，核仁充实饱满，黄白色；核仁风味香甜；涩皮易剥离。

4. 生物学习性

萌芽力强，发枝力强，新梢一年平均长21cm，生长势强。盛果期年龄10年；多在树冠外围结果；坐果力强，生理落果少，产量中等，大小年显著，单株平均产量（盛果期）27.5kg。4月中旬萌芽，雄花盛开期为6月中旬，雌花盛开期为6月上中旬，雄花序凋落期为6月中旬，果实采收期为9月上旬，落叶期为11月上旬。

品种评价

植株抗旱，耐贫瘠，抗病性好，对寒、旱、瘠、盐、风、日灼等恶劣环境抵抗能力较强；对土壤、地势、栽培条件的要求不严格；坚果优质；主要病虫害种类为桃蛀螟，嫁接繁殖，每年修剪可有助于产量提高。

植株

叶片

花

果实

西沟 7 号

Castanea mollissima Blume 'Xigou 7'

调查编号：LITZLJS124

所属树种：板栗 *Castanea mollissima* Blume

提 供 人：刘国彬
电　　话：010-51513100
住　　址：北京市农林科学院农业综合发展研究所

调 查 人：刘佳棽
电　　话：010-51503910
单　　位：北京市农林科学院农业综合发展研究所

调查地点：河北省遵化市东陵乡西沟村

地理数据：GPS数据（海拔：150m，经度：E117°40'12"，纬度：N40°10'58"）

样本类型：种子、枝条

生境信息

来源于外地，生长于旷野坡地，为人工林，土壤质地为砂壤土。种植年限为70年，现存5株。

植物学信息

1. 植株情况

乔木，树势强，树姿开张，树形半圆形。树高7.5m，冠幅东西5m、南北4m；干高1.7cm，干周173cm，主干褐色，皮块状裂，枝条密度中等。

2. 植物学特征

1年生枝黄绿色，节间平均长1.5cm；中等粗度，嫩梢上茸毛少，白色；多年生枝灰褐色；混合芽三角形，叶色黄浅绿色，叶尖急尖，叶缘粗锯齿；有短针刺；雄花序平均长度11.6cm，雄花芽数量多，雄花数中等，柱头黄绿色；果实圆形，果皮绿色，果面有茸毛，栗苞较易脱离。

3. 果实性状

坚果圆形，纵径1.3cm，横径1.5cm，侧径1.3cm，坚果重7.6g，有光泽，茸毛稀，边果半圆形，颜色中等；壳厚度0.66mm（以两颊中心处的壳厚为准）；平均核仁重6.2g，核仁充实饱满，黄白色；核仁风味香甜；涩皮难剥离。

4. 生物学习性

萌芽力强，发枝力强，新梢一年平均长19cm，生长势强。盛果期年龄8年；多在树冠外围结果；坐果力强，生理落果少，产量中等，大小年显著，单株平均产量（盛果期）22.5kg。4月中旬萌芽，雄花盛开期为6月中旬，雌花盛开期为6月上中旬，雄花序凋落期为6月中旬，果实采收期为9月上旬，落叶期为11月上旬。

品种评价

植株抗旱，耐贫瘠，广适性好，对寒、旱、瘠、盐、风、日灼等恶劣环境抵抗能力较强；对土壤、地势、栽培条件的要求不严格；坚果优质；主要病虫害种类为桃蛀螟，嫁接繁殖，每年修剪可有助于产量提高。

植株

花

枝叶

果实

西台3号

Castanea mollissima Blume 'Xitai 3'

调查编号： LITZLJS125

所属树种： 板栗 *Castanea mollissima* Blume

提 供 人： 刘国彬
电　　话： 010-51513100
住　　址： 北京市农林科学院农业综合发展研究所

调 查 人： 刘佳芬
电　　话： 010-51503910
单　　位： 北京市农林科学院农业综合发展研究所

调查地点： 北京市怀柔区黄花城乡西台村

地理数据： GPS数据（海拔：150m，经度：E116°20'18"，纬度：N40°24'02"）

样本类型： 种子、枝条

生境信息

来源于本地，生长于田间坡地，为人工林，土壤质地为砂壤土。种植年限为30年，现存60株。

植物学信息

1. 植株情况

乔木，树势强，树姿开张，树形半圆形。树高5.5m，冠幅东西5m、南北4.5m；干高1.2m，干周64cm，主干褐色，皮块状裂，枝条密度疏。

2. 植物学特征

1年生枝黄绿色，枝条长，节间平均长1.4cm；中等粗度，嫩梢上茸毛中等，白色；多年生枝灰褐色；混合芽三角形，与副芽间距；单叶椭圆形，叶色黄浅绿色，叶尖急尖，叶缘粗锯齿；有短针刺；雄花序平均长度12.2cm，雄花芽数量多，雄花数中等，柱头黄绿色；果实卵形，果皮绿色，果面有茸毛，栗苞较易脱离。

3. 果实性状

坚果卵圆形，纵径1.2cm，横径1.6cm，侧径0.9cm，坚果重6.5g，有光泽，茸毛稀，边果半圆形，壳面光滑，颜色中等；壳厚度0.71mm（以两颊中心处的壳厚为准）；平均核仁重5.8g，核仁充实饱满，黄白色；核仁风味香甜；涩皮难剥离。

4. 生物学习性

萌芽力强，发枝力强，新梢一年平均长20cm，生长势强。盛果期年龄10年；多在树冠外围结果；坐果力强，生理落果中，产量中等，大小年显著，单株平均产量（盛果期）20kg。4月中旬萌芽，雄花盛开期为6月中旬，雌花盛开期为6月上中旬，雄花序凋落期为6月中旬，果实采收期为9月上旬，落叶期为11月上旬。

品种评价

植株抗旱，抗病好，广适性好，对寒、旱、瘠、盐、风、日灼等恶劣环境抵抗能力较强；对土壤、地势、栽培条件的要求不严格；主要病虫害种类为桃蛀螟，嫁接繁殖，每年修剪可有助于产量提高。

植株

叶片

花

果实

下庄 3 号

Castanea mollissima Blume 'Xiazhuang 3'

调查编号：LITZLJS126

所属树种：板栗 *Castanea mollissima* Blume

提 供 人：刘国彬
电　　话：010-51513100
住　　址：北京市农林科学院农业综合发展研究所

调 查 人：刘佳梦
电　　话：010-51503910
单　　位：北京市农林科学院农业综合发展研究所

调查地点：北京市昌平区下庄乡下庄村

地理数据：GPS数据（海拔：150m，经度：E116°12'20"，纬度：N40°17'02"）

样本类型：枝条

生境信息

来源于外地，生长于平地，土地为耕地，土壤质地为砂壤土。种植年限为10年，现存50株。

植物学信息

1. 植株情况

乔木，树势强，树姿开张，树形半圆形。树高2.5m，冠幅东西3m、南北2m；干高0.3m，干周20cm，主干深褐色，皮块状裂，枝条密度中等。

2. 植物学特征

1年生枝黄绿色，枝条长，节间平均长1.7cm；中等粗度，嫩梢上茸毛中等多，白色；多年生枝灰褐色；混合芽三角形，叶色黄浅绿色，叶尖急尖，叶缘粗锯齿；有短针刺；雄花序平均长度11.4cm，雄花芽数量多，雄花数中等，柱头黄绿色；果实卵形，果皮绿色，果面茸毛，栗苞较易脱离。

3. 果实性状

坚果卵圆形，纵径1.8cm，横径2.0cm，侧径1.1cm，坚果重7.2g，坚果无光泽，茸毛稀，边果半圆形，壳面光滑，颜色深；壳厚度0.69mm（以两颊中心处的壳厚为准）；平均核仁重6.4g，核仁充实饱满，黄白色；核仁风味香甜；涩皮难剥离。

4. 生物学习性

萌芽力强，发枝力强，新梢一年平均长15cm，生长势强。盛果期年龄9年；多在树冠外围结果；坐果力强，生理落果中等，产量中等，大小年显著，单株平均产量（盛果期）15kg。4月中旬萌芽，雄花盛开期为6月中旬，雌花盛开期为6月上中旬，雄花序凋落期为6月中旬，果实采收期为9月上旬，落叶期为11月上旬。

品种评价

植株抗旱，耐贫瘠，抗病，广适性好，对寒、旱、瘠、盐、风、日灼等恶劣环境抵抗能力较强；对土壤、地势、栽培条件的要求不严格；坚果优质可实用；主要病虫害种类为桃蛀螟，嫁接繁殖，每年修剪可有助于产量提高。

植株

花

花、叶片

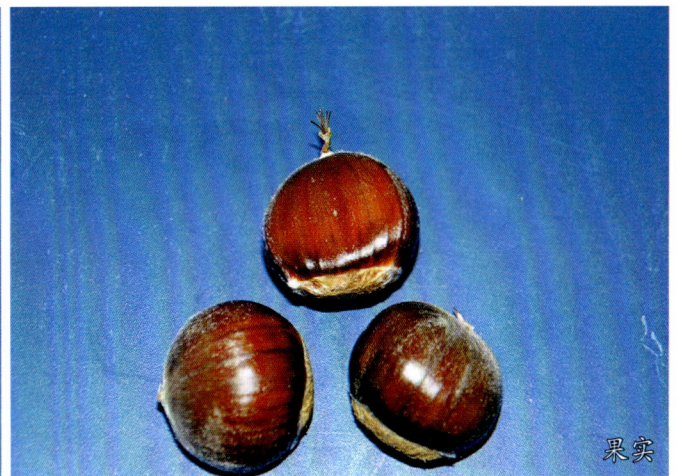
果实

桐柏栗 1 号

Castanea mollissima Blume 'Tongbaili 1'

调查编号：CAOSYLBY006

所属树种：板栗 *Castanea mollissima* Blume

提 供 人：李本银
电　　话：13703455340
单　　位：河南省南阳市桐柏县农业经济作物管理站

调 查 人：李好先
电　　话：13903834781
单　　位：中国农业科学院郑州果树研究所

调查地点：河南省南阳市桐柏县朱庄乡响潭村刘庄组

地理数据：GPS数据（海拔：267m，经度：E110°26'03"，纬度：N33°21'04"）

样本类型：叶、枝条

生境信息

来源于当地；生长于山麻坡地，坡度为30°，地坡向朝北。代表生长环境的建群种、优势种、标志种为杨树、竹。地形为坡。土地为原始林；土壤质地为砂壤土；现存8株。

植物学信息

1. 植株情况

乔木，树势强，树姿开张，树形圆头形。树高10m，冠幅东西7.0m、南北7.0m；干高2.7m，干周140cm，主干黑色，树皮块状裂，枝条密。

2. 植物学特征

1年生枝绿色，枝条长，节间平均长7cm；中等粗度，平均粗度为1.0cm；嫩梢上茸毛中等，白色；皮目小，多而凸，近圆形；多年生枝银灰色；复叶长20cm，叶柄长10cm，叶色浓绿，叶尖渐尖，叶缘少锯。有短针刺；雄花序平均长度15cm，雄花芽数量多，雄花数中等，柱头黄绿色；果实椭圆形，果皮绿色，果面茸毛少，栗苞较易脱离。多年生枝灰褐色。

3. 果实性状

坚果纵径2.8cm，横径3.2cm，侧径3.0cm，坚果重8g，有光泽，果皮红棕色，茸毛稀，茸毛分布在果肩部；果顶平或微凸；边果半圆形，筋线不明显，底座大且不光滑；壳面光滑，颜色中等；壳厚度0.23mm（以两颗中心处的壳厚为准）；平均核仁重4.0g，出仁率76%；核仁充实饱满，黄白色；核仁风味香甜；坚果淀粉含量55.8%，蛋白含量4.67%，涩皮难剥离。

4. 生物学习性

萌芽力强，发枝力中等，新梢一年平均长80cm，生长势强。盛果期年龄8～18年；多在树冠外围结果；坐果力弱，生理落果中等，采前落果中等，产量中等，大小年不显著，单株平均产量（盛果期）30kg。3月下旬萌芽，雄花盛开期为4月下旬，雌花盛开期为5月上旬，雄花序凋落期为6月上旬，果实采收期为10月上旬，落叶期为11月中旬。

品种评价

丰产性较强，植株抗旱，耐贫瘠，耐涝性差，对寒、旱、瘠、盐、风、日灼等恶劣环境抵抗能力较强；对土壤、地势、栽培条件的要求不严格；坚果优质可实用。

植株

枝条

花

叶片

树干

果实

石庙子村板栗 1号

Castanea mollissima Blume
'Shimiaozicunbanli 1'

调查编号：CAOSYLFQ008

所属树种：板栗 *Castanea mollissima* Blume

提 供 人：陆凤勤
电　　话：13833421695
住　　址：河北省承德市兴隆县林业局

调 查 人：李好先
电　　话：13903834781
单　　位：中国农业科学院郑州果树研究所

调查地点：河北省承德市兴隆县南天门满族乡石庙子村

地理数据：GPS数据（海拔：512m，经度：E117°41'47"，纬度：N40°22'21"）

样本类型：种子、叶、枝条

生境信息

来源于当地，最大树龄270年。生长于山间坡地，坡度为40°，坡向朝西南。代表生长环境的建群种、优势种、标志种为板栗和杨树。受砍伐、修路影响；土地为人工林；土壤质地为砂土；种植年限为230年，现存100多株，面积67hm²，种植农户数1000多户。

植物学信息

1. 植株情况

乔木，树势强，树姿开张，树形圆头形。树高13m，冠幅东西20m、南北17m，干高1.3m，干周220cm。树皮块状裂，枝条密。

2. 植物学特征

1年生枝黄绿色，枝条长，节间平均长3.5cm，粗度中等。嫩梢上无茸毛。皮目中等大，多而凸，近圆形。多年生枝灰褐色。混合芽形状长圆形，混合芽与副芽有间距。复叶长18cm，复叶柄长1.5cm。小叶长4cm、宽3.5cm、厚0.1mm，长卵圆形，绿色，叶尖渐尖，叶缘粗锯齿。有短针刺。

3. 果实性状

坚果卵圆形，壳面光滑，壳皮深色，可取整仁。

4. 生物学习性

萌芽力中等，发枝力中等，新梢一年平均长50cm，生长势强。晚实，开始结果年龄为5年，盛果期年龄为8年；果枝中长果枝70%，中果枝20%，短果枝10%。果台副梢抽生及连续结果能力中等，单枝坐果数为单、双果。全树坐果，坐果力强，生理落果少，采前落果少，丰产，大小年不显著，单株平均产量（盛果期）30kg。4月下旬萌芽，5月中旬雄花盛开，5月下旬雌花盛开，6月上旬雄花凋落，9月上中旬果实采收，10月下旬落叶。

品种评价

高产、优质、抗病，抗旱。用途为食用，利用部位为种子（果实）。对寒、旱、涝、瘠、盐、风、日灼等恶劣环境的抵抗能力强。实生繁殖、对土壤、地势、栽培条件要求不严格。

生境

植株

枝叶

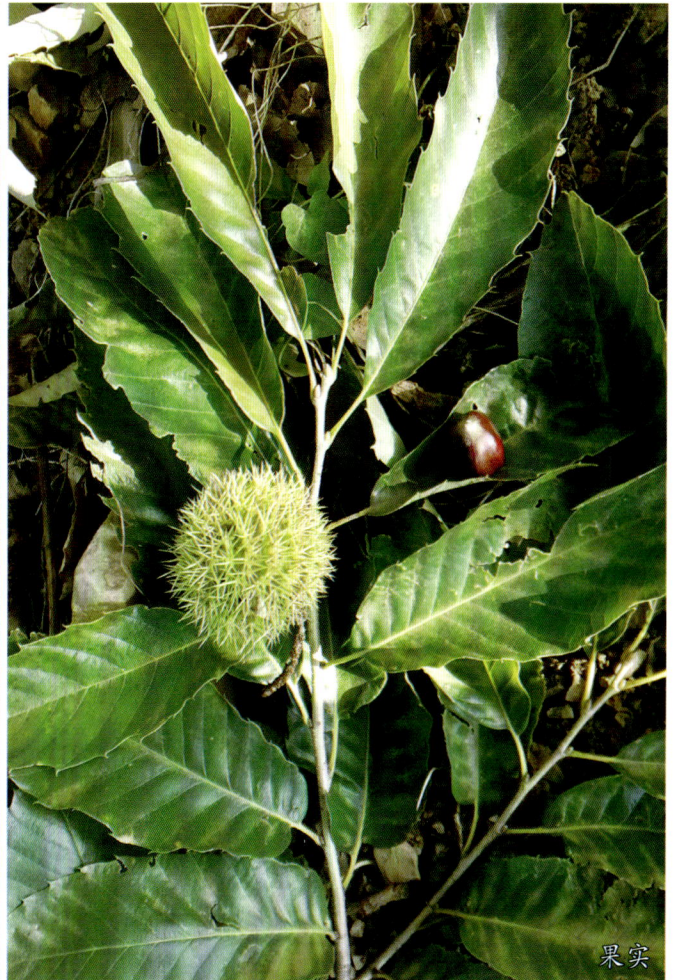
果实

石庙子村板栗2号

Castanea mollissima Blume
'Shimiaozicunbanli 2'

调查编号： CAOSYLFQ009

所属树种： 板栗 *Castanea mollissima* Blume

提 供 人： 陆凤勤
电　　话： 13833421695
住　　址： 河北省承德市兴隆县林业局

调 查 人： 李好先
电　　话： 13903834781
单　　位： 中国农业科学院郑州果树研究所

调查地点： 河北省承德市兴隆县南天门满族乡石庙子村道路旁

地理数据： GPS数据（海拔：504m，经度：E117°41'44"，纬度：N40°22'22"）

样本类型： 种子、枝条

生境信息

来源于当地，最大树龄270年。山地，小生境为旷野。代表生长环境的建群种、优势种、标志种为杨树。受砍伐影响；地形为河谷及坡地，坡地坡度为65°，坡向朝正南。土地利用为人工林；土壤质地为砂土，pH7.0~7.5；种植年限为220年，现存100多株，面积67hm²，种植农户数50多户。

植物学信息

1. 植株情况

乔木，树势强，树姿开张，树形圆头形。树高12m，冠幅东西16m、南北15m，干高1.4m，干周260cm。树皮块状裂，枝条中等密。

2. 植物学特征

1年生枝灰白色，枝条短，节间平均长1.1cm，粗度较细，平均粗0.23cm。嫩梢上茸毛多，灰色。皮目小，多而凸，近圆形。多年生枝褐色。混合芽长圆形，混合芽与副芽有间距。复叶长13.5cm，复叶柄长1.8cm。小叶长8.5cm，小叶宽3.5cm、厚0.12mm、卵圆形，浓绿色，叶尖渐尖，叶缘粗锯齿。有长针刺。

3. 果实性状

坚果壳面光滑，壳皮颜色深，缝合线窄且凸。可取整仁。

4. 生物学习性

萌芽力弱，发枝力弱，新梢一年平均长50cm，生长势弱。晚实，开始结果年龄为5年，盛果期年龄为8~10年；果枝中长果枝70%，中果枝20%，短果枝10%。果台副梢抽生及连续结果能力中等，单枝坐果数为单、双果。全树坐果，坐果力弱，生理落果少，采前落果少，产量中等，大小年显著，单株平均产量（盛果期）25~30kg。4月下旬萌芽，5月上旬雄花盛开，5月中旬雌花盛开，5月中下旬雄花凋落，9月上中旬果实采收，10月下旬落叶。

品种评价

优质、抗病。实生繁殖。对土壤、地势、栽培条件无要求。

植株

树干

叶片

枝干

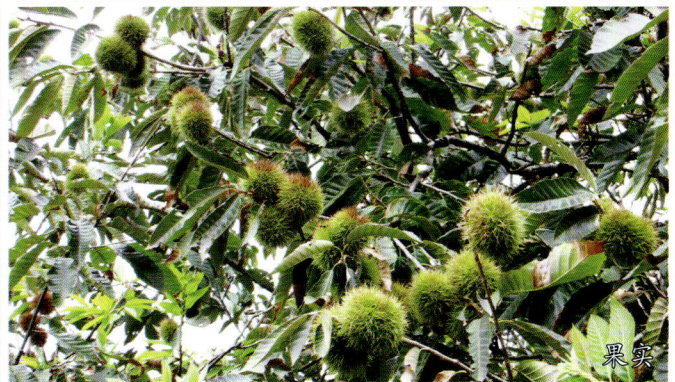

果实

石庙子村板栗3号

Castanea mollissima Blume
'Shimiaozicunbanli 3'

调查编号： CAOSYLFQ010

所属树种： 板栗 *Castanea mollissima* Blume

提 供 人： 陆凤勤
电　　话： 13833421695
住　　址： 河北省承德市兴隆县林业局

调 查 人： 李好先
电　　话： 13903834781
单　　位： 中国农业科学院郑州果树研究所

调查地点： 河北省承德市兴隆县南天门满族乡石庙子村

地理数据： GPS数据（海拔：592m，经度：E117°41'54"，纬度：N40°22'23"）

样本类型： 种子、叶、枝条

生境信息

来源于当地，最大树龄200多年。山区，小生境为旷野。代表生长环境的建群种、优势种、标志种为杨树。受砍伐影响；地形为坡地，坡度为60°，坡向朝西南。土地利用为人工林；土壤质地为砂土，pH7.0～7.5；种植年限为210年，现存100多株，种植农户数100多户。

植物学信息

1. 植株情况

乔木，树势强，树姿开张。树高11m，冠幅东西21m、南北15m，干高1.1m，干周330cm。树皮块状裂，枝条密。

2. 植物学特征

1年生枝绿色，枝条长，节间平均长1.3cm，粗度中等，平均粗0.13cm。嫩梢上茸毛多，灰色。皮目大小中等，多而凸，近圆形。多年生枝灰褐色。混合芽长圆形，混合芽与副芽有间距。复叶长15cm，复叶柄长2.5cm。小叶长6cm、宽4.5cm、厚0.13mm，长卵圆形，绿色，叶尖渐尖，叶缘粗锯齿。无针刺。

3. 果实性状

坚果壳面光滑，壳皮颜色深，缝合线窄。可取整仁。

4. 生物学习性

萌芽力中等，发枝力中等，新梢一年平均长80cm，生长势中等。晚实，开始结果年龄为5～6年，盛果期年龄为8～10年；果枝中长果枝70%，中果枝20%，短果枝10%。果台副梢抽生及连续结果能力中等，单枝坐果数为单、双果。全树坐果，坐果力中等，生理落果少，采前落果少，产量中等，大小年显著，单株平均产量（盛果期）50kg。4月下旬萌芽，5月上旬雄花盛开，5月中旬雌花盛开，5月中下旬雄花凋落，9月上中旬果实采收，10月下旬落叶。

品种评价

优质、抗病，耐贫瘠，广适性好。实生繁殖。对土壤、地势、栽培条件无要求丰产期单株能产100kg，采后放置一段时间好吃。

生境

叶

植株

果实

南天门村板栗1号

Castanea mollissima Blume
'Nantianmenbanli 1'

调查编号： CAOSYLFQ011

所属树种： 板栗 *Castanea mollissima* Blume

提 供 人： 陆凤勤
电　　话： 13833421695
住　　址： 河北省承德市兴隆县林业局

调 查 人： 李好先
电　　话： 13903834781
单　　位： 中国农业科学院郑州果树研究所

调查地点： 河北省承德市兴隆县南天门满族乡石庙子村

地理数据： GPS数据（海拔：425m，经度：E117°42'47"，纬度：N40°22'27"）

样本类型： 种子、叶、枝条

生境信息

来源于当地，最大树龄180多年。山区，小生境为旷野。代表生长环境的建群种、优势种、标志种为杨树。受砍伐影响；地形为坡地，坡度为60°，坡向朝西南。土地利用为人工林；土壤质地为砂土，pH7.0～7.5；种植年限为210年，现存100多株，种植农户数100多户。

植物学信息

1. 植株情况

乔木，树势中等，树姿开张，树形圆头形。树高13m，冠幅东西12m、南北19m，干高1.1m，干周240cm。主干灰色，树皮块状裂，枝条中等密。

2. 植物学特征

1年生枝绿色，枝条长，节间平均长2.8cm，粗度中等，平均粗1.5cm。嫩梢上茸毛多，灰色。皮目小，多而凸，近圆形。多年生枝灰褐色。混合芽长圆形，混合芽与副芽有间距。复叶长17cm，复叶柄长2.5cm。小叶长6.5cm、宽3.5cm、厚0.13mm，卵圆形，绿色，叶缘粗锯齿。有中等长针刺。

3. 果实性状

坚果扁圆形，壳面光滑，壳皮颜色深，缝合线窄。可取整仁。

4. 生物学习性

萌芽力中等，发枝力中等，新梢一年平均长130cm，生长势中等。晚实，开始结果年龄为5～6年，盛果期年龄为8～9年；果枝中长果枝80%，中果枝20%。果台副梢抽生及连续结果能力中等，单枝坐果数为单、双果。全树坐果，坐果力中等，生理落果少，采前落果少，产量中等，大小年不显著，单株平均产量（盛果期）100kg。4月中下旬萌芽，5月下旬至6月初雄花盛开，6月初雌花盛开，6月中下旬雄花凋落，9月下旬果实采收，10月下旬落叶。

品种评价

优质、抗病，耐盐碱。实生繁殖。对土壤、地势、栽培条件无要求。干旱年份，产量很低。

生境

植株

枝干

枝叶

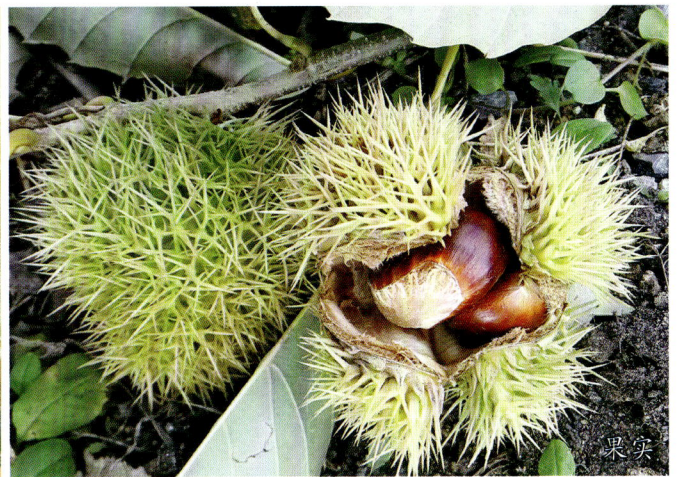

果实

挂兰峪板栗

Castanea mollissima Blume 'Gualanyubanli'

调查编号：CAOSYLFQ012

所属树种：板栗 *Castanea mollissima* Blume

提 供 人：陆凤勤
电　　话：13833421695
住　　址：河北省承德市兴隆县林业局

调 查 人：李好先
电　　话：13903834781
单　　位：中国农业科学院郑州果树研究所

调查地点：河北省承德市兴隆县挂兰峪镇挂兰峪村

地理数据：GPS数据（海拔：542m，经度：E117°45'55"，纬度：N40°18'46"）

样本类型：种子、叶、枝条

生境信息

来源于当地，最大树龄120多年。生于山间林地，坡度为30°，坡向朝西北。代表生长环境的建群种、优势种、标志种为板栗。土地为人工林；土壤质地为砂土，pH7.0～7.5；种植年限为80年，现存100多株种植农户数100多户。

植物学信息

1. 植株情况

乔木，树势中等，树姿开张，树形圆头形。树高11m，冠幅东西17m、南北10m，干高0.5m，干周220cm。主干灰色，树皮块状裂，枝条中等密。

2. 植物学特征

1年生枝绿色，枝条长，节间平均长4cm，枝条粗，平均粗2.5cm。嫩梢上茸毛多，灰色。皮目中等大小，多而凸，近圆形。多年生枝灰褐色。混合芽长圆形，混合芽与副芽有间距。复叶长17.5cm，复叶柄长1.5cm。小叶长13cm、宽5.5cm、厚0.17mm，卵圆形，绿色，叶尖渐尖，叶缘粗锯齿。有短针刺。

3. 果实性状

坚果扁圆形，壳面光滑，壳皮颜色深，缝合线窄。可取整仁。

4. 生物学习性

萌芽力中等，发枝力中等，新梢一年平均长130cm，生长势中等。晚实，开始结果年龄为5～6年，盛果期年龄为8～9年；果枝中长果枝70%，短果枝30%。果台副梢抽生及连续结果能力中等，单枝坐果数为单、双果。全树坐果，坐果力中等，生理落果少，采前落果少，产量中等，大小年不显著，单株平均产量（盛果期）100～125kg。4月中下旬萌芽，5月下旬雄花盛开，6月初雌花盛开，6月中下旬雄花凋落，9月下旬果实采收，10月下旬落叶。

品种评价

优质、抗病，抗旱，耐盐碱。实生繁殖。对土壤、地势、栽培条件无要求。

生境

植株

枝叶

果实

果实蒲包

大洪山板栗

Castanea mollissima Blume
'Dahongshanbanli'

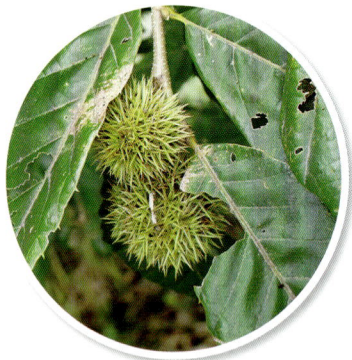

調查編號：CAOSYLHX177

所属树种：板栗 *Castanea mollissima* Blume

提 供 人：余光志
电　　话：13597829558
住　　址：湖北省随州市随县长岗镇熊氏祠村2组

调 查 人：谢恩忠
电　　话：13908663530
单　　位：湖北省随州市林业局

调查地点：湖北省随州市随县长岗镇熊氏祠村2组

地理数据：GPS数据（海拔：325m，经度：E112°58'13"，纬度：N31°31'24"）

样本类型：种子、叶、枝条

生境信息

来源于当地，最大树龄30年。生于山间坡地，坡度为45°，坡向朝西北。代表生长环境的建群种、优势种、标志种为黄连木。土地为原始林；土壤质地为壤土；种植年限为25年，现存5株。

植物学信息

1. 植株情况

乔木，树势中等，树姿开张，树形圆头形。树高2m，冠幅东西2m、南北1m，干高1m，干周30cm。主干灰色，树皮丝状裂，枝条中等密。

2. 植物学特征

1年生枝黄绿色，枝条长度中等，节间平均长10cm，平均粗1.5cm。嫩梢上茸毛多，白色。皮目小，多而凸，近圆形。多年生枝褐色。

3. 果实性状

坚果卵圆形，纵径1.4cm，横径1.5cm，侧径1.55cm，坚果重4g；有光泽，茸毛稀，筋线明显，底座光滑。壳面略麻，壳皮颜色深，壳厚1.85mm。可取整仁，平均核仁重2g。核仁较充实，饱满。核仁黄褐色，风味略涩。

4. 生物学习性

萌芽力强，发枝力强，新梢一年平均长42.3cm，生长势强。晚实，开始结果年龄为第7年，盛果期年龄8~15年；以长中果枝结果为主，果台副梢抽生及连续结果能力强，多在树冠外围结果；坐果力中等，生理落果少，采前落果多，产量中等，大小年显著，单株平均产量（盛果期）100kg。4月中旬萌芽，雄花盛开期为5月下旬，雌花盛开期为6月上中旬，雄花序凋落期为6月中旬，果实采收期为9月上中旬，落叶期为11月下旬。

品种评价

植株抗旱、耐贫瘠，广适性好，对寒、旱、瘠、盐、风、日灼等恶劣环境有较强的抵抗能力；对土壤、地势、栽培条件要求不严格。可作为育种材料保存。

生境

植株

枝叶

结果状

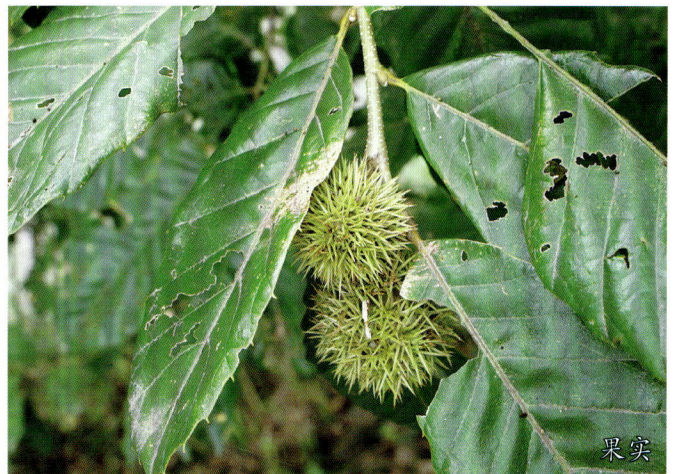

果实

大红袍油栗
1号

Castanea mollissima Blume
'Dahongpaoyouli 1'

调查编号：CAOSYLHX188

所属树种：板栗 *Castanea mollissima* Blume

提 供 人：谢永树
电　　话：13597828356
住　　址：湖北省随州市随县淮河镇龙凤店村谢家湾村2组

调 查 人：谢恩忠
电　　话：13908663530
单　　位：湖北省随州市林业局

调查地点：湖北省随州市随县淮河镇龙凤店村谢家湾村2组

地理数据：GPS数据（海拔：113m，经度：E113°36'00"，纬度：N32°21'39"）

样本类型：种子、叶、枝条

生境信息

来源于当地，最大树龄600多年。生长于田间平底，代表生长环境的建群种、优势种、标志种为楝树。受耕作影响；土地为耕地；土壤质地为砂壤土；种植年限为100年，现存100～200株，种植农户数为10户。

植物学信息

1. 植株情况

乔木，树势强，树姿直立，树形半圆形。树高18m，冠幅东西20m、南北15m，干高1.5m，干周560cm。主干黑色，树皮块状裂，枝条密。

2. 植物学特征

1年生枝黄绿色，枝条短而细，节间平均长1.0cm，平均粗0.3cm。嫩梢上无茸毛。皮目小，多而凸，近圆形。多年生枝褐色。小叶长卵圆形，黄绿色，叶尖微尖，叶缘粗锯齿，有长针刺。

3. 果实性状

坚果圆形，纵径1.91cm，横径1.8cm，侧径1.48cm，坚果重4g；有光泽，茸毛密，边果形状为扁形，筋线明显，底座大且不光滑。壳面略麻，壳皮颜色深。

4. 生物学习性

萌芽力中等，发枝力强，新梢一年平均长90cm，生长势强。早实，开始结果年龄为第4年，盛果期年龄第5年以后；以长中短果枝结果均衡，多在树冠上部的外围结果；坐果力强，生理落果少，采前落果少，丰产，大小年不显著，单株平均产量（盛果期）11kg。5月上旬萌芽，雄花盛开期为6月上中旬，雌花盛开期为6月中下旬，雄花序凋落期为7月上旬，果实采收期为9月中下旬，落叶期为10月上中旬。

品种评价

抗病，耐贫瘠。清朝初期就有栽种，无大小年现象。实生繁殖。

生境

植株

枝叶

果实

大红袍油栗
2号

Castanea mollissima Blume
'Dahongpaoyouli 2'

调查编号：CAOSYLHX189

所属树种：板栗 *Castanea mollissima* Blume

提 供 人：谢永树
电　　话：13597828356
住　　址：湖北省随州市随县长岗镇熊氏祠村2组

调 查 人：谢恩忠
电　　话：13908663530
单　　位：湖北省随州市林业局

调查地点：湖北省随州市随县长岗镇熊氏祠村2组

地理数据：GPS数据（海拔：111m，经度：E113°36'00"，纬度：N32°21'29"）

样本类型：种子、叶、枝条

生境信息

来源于当地，最大树龄600多年。生于田间平底，代表生长环境的建群种、优势种、标志种为楝树。受耕作影响；土地为耕地；土壤质地为砂壤土；现存30~50株，种植农户数为1户。

植物学信息

1. 植株情况

乔木，树势强，树姿直立。树高18m，冠幅东西20m、南北20m，干高2.0m，干周500cm。主干灰色，树皮丝状裂，枝条密。

2. 植物学特征

1年生枝绿色，枝条长度长，节间平均长2cm，中等粗，平均粗0.5cm。嫩梢上茸毛多，灰色。皮目大，多而凸，近圆形。多年生枝褐色。小叶长卵圆形，浓绿色，叶尖渐尖，叶缘粗锯齿，有长针刺。

3. 果实性状

坚果卵圆形，纵径1.73cm，侧径2.06cm，坚果重6g；有光泽，茸毛密，边果形状扁，筋线明显，底座大且不光滑。壳面略麻。

4. 生物学习性

萌芽力强，发枝力强，新梢一年平均长20~30cm，生长势强。晚实，开始结果年龄为第7年，盛果期年龄9~16年；以长中果枝结果为主，果台副梢抽生及连续结果能力强，多在树冠外围结果；坐果力中等，生理落果少，采前落果多，产量中等，大小年不显著，单株平均产量（盛果期）25kg。4月中旬萌芽，雄花盛开期为5月下旬，雌花盛开期为6月上中旬，雄花序凋落期为6月中旬，果实采收期为9月下旬，落叶期为10月下旬。

品种评价

抗病，耐贫瘠。实生繁殖。抗虫，早熟。

植株

花

枝叶

果实

二道庄板栗王

Castanea mollissima Blume
'Erdaozhuangbanliwang'

调查编号： CAOSYLYQ024

所属树种： 板栗 *Castanea mollissima* Blume

提 供 人： 李永清
电　　话： 13513222022
住　　址： 河北省保定市阜平县林业局

调 查 人： 李好先
电　　话： 13903834781
单　　位： 中国农业科学院郑州果树研究所

调查地点： 河北省保定市阜平县夏庄乡二道庄村

地理数据： GPS数据（海拔：731m，经度：E113°54'57"，纬度：N38°46'36"）

样本类型： 叶、枝条

生境信息

来源于当地，最大树龄1000年，生长于山间平底。代表生长环境的建群种、优势种、标志种为玉米和柳树。受砍伐影响；土地为耕地；土壤质地为砂壤土；种植年限为780年，现存200株左右。

植物学信息

1. 植株情况

乔木，树势中等，树姿开张，树形圆头形。树高12m，冠幅东西12m、南北9m，干周400cm。主干灰色，树皮丝状裂，枝条中等密。

2. 植物学特征

1年生枝绿色，长度中等，节间平均长5cm，粗度中等，平均粗0.2cm。嫩梢上茸毛多，灰色。皮目小，数量中等并且凸起，近圆形。多年生枝银灰色。复叶长10cm，复叶柄长0.1cm，小叶数4cm，小叶长5cm、宽2cm、厚0.2mm，椭圆形，绿色，叶尖微尖，有短针刺。

3. 果实性状

坚果纵径6.8cm，横径6..2cm，侧径4.8cm，坚果重46g，有光泽，果皮红棕色，茸毛稀，茸毛分布在果肩部；果顶平或微凸；边果半圆形，筋线不明显，底座大且不光滑；壳面光滑，颜色中等；壳厚度0.68mm（以两颊中心处的壳厚为准）；平均核仁重8.6g，出仁率82%；核仁充实饱满，黄白色；核仁风味香甜；坚果淀粉含量64.50%，蛋白含量9.0%，涩皮难剥离。

4. 生物学习性

萌芽力中等，发枝力中等。新梢一年平均长18cm；生长势中等。晚实，开始结果年龄为15年，盛果期年龄18年。长果枝占80%，中果枝占10%。单枝坐果数为单、双果，全树坐果，坐果力弱，生理落果少，采前落果少，产量低，大小年显著。5月上旬萌芽，5月下旬雄花盛开，6月上旬雌花盛开，7月中旬雄花凋落，10月中旬果实采收，11月上旬落叶。

品种评价

耐贫瘠。味香，果小。含铁量高。

生境

植株

枝叶

结果状

果实

二道庄板栗 1号

Castanea mollissima Blume
'Erdaozhuangbanli 1'

調查编号： CAOSYLYQ025

所属树种： 板栗 *Castanea mollissima* Blume

提 供 人： 李永清
电　　话： 13513222022
住　　址： 河北省保定市阜平县林业局

调 查 人： 李好先
电　　话： 13903834781
单　　位： 中国农业科学院郑州果树研究所

调查地点： 河北省保定市阜平县夏庄乡二道庄村

地理数据： GPS数据（海拔：754m，经度：E113°55'53"，纬度：N38°46'36"）

样本类型： 种子、叶、枝条

生境信息

来源于当地，最大树龄1000年，生长于山间平地。代表生长环境的建群种、优势种、标志种为玉米和杨树。受耕作和砍伐影响；土地为耕地；土壤质地为砂壤土；种植年限为560年。

植物学信息

1. 植株情况

乔木，树势中等，树姿半开张，树形乱头形。树高6m，冠幅东西18m、南北20m，干高0.6m，干周400cm。主干灰色，树皮丝状裂，枝条中等密。

2. 植物学特征

1年生枝绿色，长度中等，节间平均长4cm，粗度中等，平均粗0.2cm。嫩梢上茸毛中等，灰色。皮目小，多且凸起，近圆形。多年生枝银灰色。混合芽长圆形。复叶长16cm，复叶柄长1cm，小叶数2cm，小叶长3cm、宽2cm、厚0.2mm，椭圆形，绿色，叶尖渐尖，有针刺。

3. 果实性状

坚果卵圆形，纵径2.1cm，横径2.0cm，侧径1.9cm，坚果重7.1g，有光泽，茸毛稀，边果椭圆形，茸毛分布在果肩部；果顶平或微凸；边果椭圆形，筋线不明显，底座小而不光滑；壳面光滑，颜色浅；壳厚度0.68mm（以两颗中心处的壳厚为准）；平均核仁重7g，出仁率45%；核仁充实饱满，黄白色，核仁香甜，蛋白质含量4.22%；涩皮易剥离。

4. 生物学习性

萌芽力中等，发枝力中等。新梢一年平均长18cm；生长势中等。晚实，开始结果年龄为8年，盛果期年龄12年。长果枝占80%，中果枝占10%，短果枝占10%。单枝坐果数为单、双果，全树坐果，坐果力弱，生理落果少，采前落果少，产量低，大小年显著。4月下旬萌芽，5月下旬雄花盛开，6月上旬雌花盛开，7月中旬雄花凋落，10月中旬果实采收，11月上旬落叶。

品种评价

耐贫瘠。实生繁殖。坚果含铁量高。

生境

枝叶

植株

主干

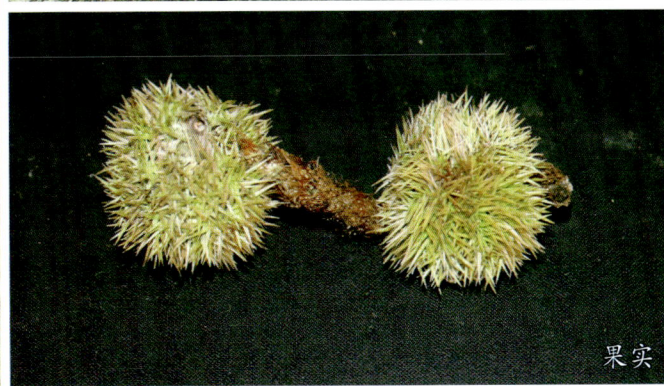

果实

王汉沟板栗 1号

Castanea mollissima Blume
'Wanghangoubanli 1'

调查编号： CAOSYWYM018

所属树种： 板栗 *Castanea mollissima* Blume

提 供 人： 王永明
电　　话： 13133585281
住　　址： 河北省秦皇岛市林业局

调 查 人： 李好先
电　　话： 13903834781
单　　位： 中国农业科学院郑州果树研究所

调查地点： 河北省秦皇岛市抚宁县大新寨镇王汉沟村

地理数据： GPS数据（海拔：163m，经度：E119°15'35"，纬度：N40°06'29"）

样本类型： 种子、叶、枝条

生境信息

来源于当地，最大树龄300年，生长于田间坡地，坡度为40°，坡向朝南。代表生长环境的建群种、优势种、标志种为梨和苹果。耕作、砍伐影响；土地利用为耕地；土壤质地为黏土；种植年限为150年。

植物学信息

1. 植株情况

乔木，树势强，树姿开张，树形圆头形。树高8m，冠幅东西3m、南北15m，干周230cm。主干灰色，树皮块状裂，枝条密。

2. 植物学特征

1年生枝灰褐色，长度中等，节间平均长3cm，粗度中等，平均粗1.5cm。嫩梢上茸毛少，白色。皮目小，多而凸，近圆形。多年生枝褐色。复叶长7.5cm，复叶柄长2.5cm。小叶长4.5cm、宽2.5cm、厚0.2mm，长卵圆形，绿色，叶尖渐尖，叶缘粗锯齿。有长针刺。

3. 果实性状

坚果椭圆形，纵径2.6cm，横径2.7cm，侧径1.8cm，坚果重8.6g，坚果无光泽，茸毛稀，边果椭圆形，筋线不明显，底座大而光滑；壳面光滑，颜色中等，缝合线窄；平均核仁重8.6g，出仁率38%；核仁充实饱满，浅黄色，核仁香甜，淀粉含量43%，蛋白质含量4.3%；涩皮易剥离。

4. 生物学习性

萌芽力强，发枝力强。生长势强。长果枝20%，短果枝80%。单枝坐果数为单、双果。全树坐果，坐果力强，生理落果少，采前落果少，丰产，大小年不显著，单株平均产量（盛果期）为75kg。4月下旬萌芽，5月下旬雄花盛开，5月下旬至6月上旬雌花盛开，6月下旬雄花凋落，10月上旬果实采收，12月上旬落叶。

品种评价

高产优质。抗旱，耐贫瘠。

植株

叶片

果实

果实

王汉沟板栗 2号

Castanea mollissima Blume
'Wanghangoubanli 2'

调查编号： CAOSYWYM020

所属树种： 板栗 *Castanea mollissima* Blume

提 供 人： 王永明
电　　话： 13133585281
住　　址： 河北省秦皇岛市林业局

调 查 人： 李好先
电　　话： 13903834781
单　　位： 中国农业科学院郑州果树研究所

调查地点： 河北省秦皇岛市抚宁县大新寨镇王汉沟村

地理数据： GPS数据（海拔：163m，经度：E119°15'37"，纬度：N40°06'26"）

样本类型： 种子、叶、枝条

生境信息

来源于当地，最大树龄150年，生长于田间坡地，坡度为35°，坡向朝南。代表生长环境的建群种、优势种、标志种为梨树。受耕作、修路影响；土地为耕地；土壤质地为黏土，pH<5；种植年限为120年，现存100株。

植物学信息

1. 植株情况

乔木，树势中等，树姿半开张，树形乱头形。树高7m，冠幅东西10m、南北13m，干高1.6m，干周250cm。主干褐色，树皮块状裂，枝条密度中等。

2. 植物学特征

1年生枝灰褐色，长度中等，平均粗2.8cm。嫩梢上茸毛中等，颜色灰色。皮目小，多而凸，近圆形。多年生枝灰褐色。复叶长10cm，复叶柄长1.5cm。小叶长3.5cm、宽2.5cm、厚0.15mm，长卵圆形，绿色，叶尖渐尖，叶缘粗锯齿。有中等长针刺。

3. 果实性状

坚果椭圆形，纵径2.43cm，横径2.40cm，侧径1.68cm，果重43.0g，坚果重9.0g，有光泽，茸毛稀，边果半圆形，筋线不明显，底座小且不光滑；壳面光滑，颜色中等，缝合线平且紧密；壳厚度1.3mm（以两颗中心处的壳厚为准）；平均核仁重8.2g，出仁率55%；核仁充实饱满，黄白色；核仁风味香甜；坚果淀粉含量48.95%，蛋白含量8.6%，涩皮难剥离。

4. 生物学习性

实生早实，开始结果年龄4~5年，盛果期年龄7~8年；果枝中长果枝70%，中果枝30%。坐果力中等，生理落果少，采前落果少，产量中等，大小年不显著，单株平均产量（盛果期）50kg。4月下旬萌芽，5月下旬雄花盛开，5月下旬至6月上旬雌花盛开，6月下旬雄花凋落，10月上旬果实采收，12月上旬落叶。

品种评价

优质，抗旱。

植株

主干

枝叶

果实

油栗

Castanea mollissima Blume 'Youli'

调查编号： FANHWLM004

所属树种： 板栗 *Castanea mollissima* Blume

提供人： 刘猛
电　话： 15939739918
住　址： 河南省信阳市浉河区浉河港镇夏家冲

调查人： 范宏伟
电　话： 13837639363
单　位： 信阳农林学院

调查地点： 河南省信阳市浉河区浉河港镇夏家冲

地理数据： GPS数据（海拔：126m，经度：E113°53'59"，纬度：N32°03'18"）

样本类型： 种子、叶、枝条

生境信息

来源于当地，最大树龄55年，位于丘陵地带，生长于田间坡地，坡度为45°，坡向朝西东北。代表生长环境的建群种、优势种、标志种为茶树。受耕作影响；土地为耕地；土壤质地为黏壤土；种植年限为45年，现存100株；种植农户数为10户。

植物学信息

1. 植株情况

乔木，树势中庸，树姿半开张，树形半圆形。树高4m，冠幅东西5m、南北5m，干高1.4m，干周160cm。主干褐色，树皮丝状裂，枝条密度疏。

2. 植物学特征

1年生枝绿色，长度中等，节间平均长1.5cm；粗度中等，平均粗0.5cm。嫩梢上茸毛多，白色。皮目中等大，多而凸，椭圆形。多年生枝褐色。

3. 果实性状

坚果纵径2.8cm，横径2.8~3.1cm，侧径2.6cm，坚果重9.5g，有光泽，边果半圆形；壳面光滑，颜色中等；壳厚度0.16mm（以两颊中心处的壳厚为准）；平均核仁重9g，出仁率90%；核仁充实饱满，黄白色；核仁风味香甜；坚果淀粉含量33%，蛋白含量4%，涩皮难剥离。

4. 生物学习性

萌芽力弱，发枝力弱；新梢一年平均长30cm，生长势弱。晚实，开始结果年龄为10年，盛果期年龄为12年。单枝坐果数为单、双果。坐果部位为上部，坐果力弱，生理落果少，采前落果少，产量低，大小年不显著，单株平均产量（盛果期）为25kg。3月上旬萌芽，5月中旬雄花盛开，5月上旬雌花盛开，6月上旬雄花凋落，9月下旬果实采收，11月下旬落叶。

品种评价

优质。果实色泽好，口感好，产量低。

生境

植株

主干

枝叶

果实

浉河栗

Castanea mollissima Blume 'Shiheli'

调查编号：FANHWLM005

所属树种：板栗 *Castanea mollissima* Blume

提 供 人：刘猛
电　　话：15939739918
住　　址：河南省信阳市浉河区浉河港镇夏家冲

调 查 人：范宏伟
电　　话：13837639363
单　　位：信阳农林学院

调查地点：河南省信阳市浉河区浉河港镇夏家冲

地理数据：GPS数据（海拔：126m，经度：E113°53'59"，纬度：N32°03'18"）

样本类型：种子、叶、枝条

生境信息

来源于当地，最大树龄55年，生长于丘陵地带的庭院前。代表生长环境的建群种、优势种、标志种为茶树。受砍伐影响；地形为坡地，坡度为30°，坡向朝正东。土地为耕地；土壤质地为黏壤土；种植年限为15年，现存100多株，面积133hm²；种植农户数为10户。

植物学信息

1. 植株情况

乔木，树势强，树姿半开张，树形圆头形。树高4m，冠幅东西6m、南北6m。主干褐色，树皮丝状裂。

2. 植物学特征

1年生枝黄绿色，枝条短，节间平均长1cm；粗度中等，平均粗0.2cm。嫩梢上茸毛多，灰色。皮目小，少而凸，近圆形。多年生枝灰褐色。小叶长卵圆形，黄绿色。叶尖渐尖。叶缘粗锯齿。

3. 果实性状

坚果纵径7.7cm，横径6.5cm，侧径4.7cm，坚果重13.6g，有光泽，果皮红褐色，茸毛稀，茸毛分布在果肩部；边果半圆形，筋线不明显，底座大且不光滑；壳面光滑，颜色中等；壳厚度0.68mm（以两颊中心处的壳厚为准）；平均核仁重8.45g，出仁率79.8%；核仁充实饱满，黄白色；核仁风味香甜；坚果淀粉含量49.9%，蛋白含量8.1%，涩皮难剥离。

4. 生物学习性

单枝坐果数为单、双果。坐果部位在上部，坐果力强，生理落果少，采前落果少，丰产，大小年显著，单株平均产量（盛果期）为30kg。3月中旬萌芽，5月中旬雄花盛开，5月上旬雌花盛开，6月上旬雄花凋落，9月下旬果实采收，11月下旬落叶。

品种评价

主要优点为高产、优质。嫁接繁殖。丰产，稳产性强，果实品质佳，果实稍大。

植株

枝叶

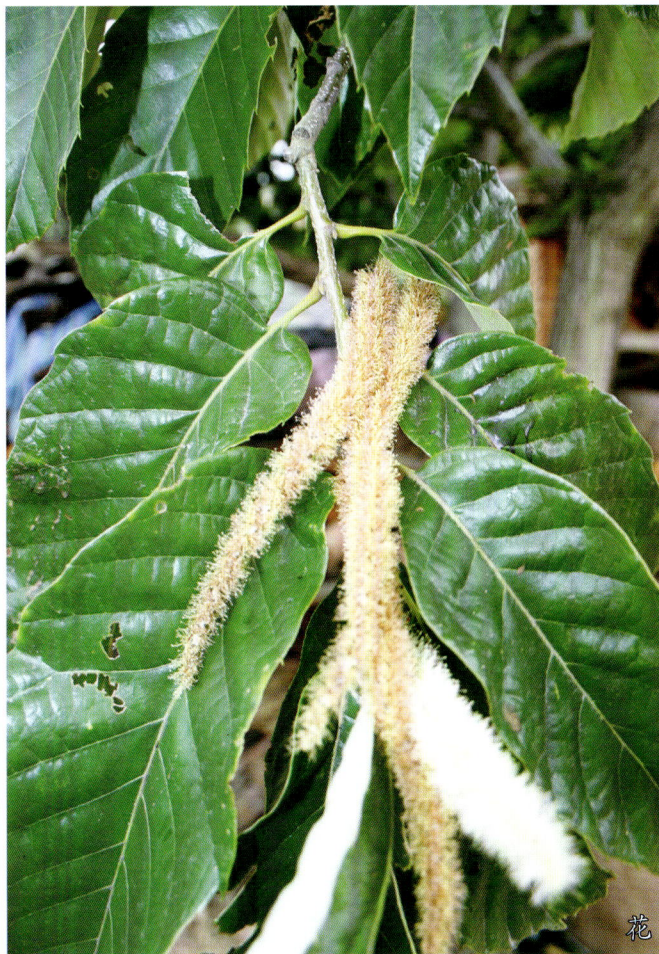

花

宜章栗

Castanea mollissima Blume 'Yizhangli'

○ 调查编号：XIESXLXP020

所属树种：板栗 *Castanea mollissima* Blume

提 供 人：卢晓鹏
电　　话：15197205196
住　　址：湖南省长沙市芙蓉区农大路1号

调 查 人：谢深喜
电　　话：13875913408
单　　位：湖南农业大学

调查地点：湖南省郴州市宜章县五岭乡坳背村

地理数据：GPS数据（海拔：272m，经度：E113°00'29"，纬度：N25°31'16"）

样本类型：枝条、叶

生境信息

来源于当地，生长于山地，坡度为30°的坡地，土壤质地为砂壤土，pH7.2。种植年限为60年，现存1株。

植物学信息

1. 植株情况

乔木，树势中等，树姿开张，树形半圆形。树高12m，冠幅东西11.9m、南北9.1m；干高1.7m，干周260cm，主干灰色，皮块状裂，枝条密。

2. 植物学特征

1年生枝黄绿色，中等长和粗，节间平均长1.8cm，平均粗度为0.5cm；嫩梢上无茸毛，多年生枝灰褐色；混合芽三角形，与副芽间距；雄花序平均长度21.8cm，雄花芽数量多，雄花数中等，柱头黄绿色；果实长圆形，果皮淡绿色，茸毛少，青皮中等薄，栗苞较易脱离。

3. 果实性状

坚果扁圆形，纵径2.6cm，横径2.9cm，侧径1.7cm，坚果重9.0g，有光泽，茸毛稀，边果椭圆形，筋线不明显，底座大而光滑；壳面光滑，颜色中等；平均核仁重9.0g，出仁率50%；核仁充实饱满，颜色浅黄色，核仁香甜，蛋白质含量5.3%；涩皮易剥离。

4. 生物学习性

萌芽力中等，发枝力中等，新梢一年平均长40cm，生长势强。坐果力中等，生理落果少，采前落果少，产量中等，大小年显著，单株平均产量（盛果期）7.5kg。4月下旬萌芽，雄花盛开期为6月上旬，雌花盛开期为6月上旬，雄花序凋落期为6月下旬，果实采收期为9月下旬，落叶期为11月上旬。

品种评价

植株抗旱，耐贫瘠，广适性好，对寒、旱、瘠、盐、风、日灼等恶劣环境有较强的抵抗能力；对土壤、地势、栽培条件的要求不严格，酸性土壤下要加强肥水管理；坚果优质，主要病虫害种类为桃蛀螟等；嫁接繁殖为主，耐修剪，每年修剪可有助于产量提高。

大生境

小生境

植株

叶片

果实

郝堂栗

Castanea mollissima Blume 'Haotangli'

调查编号：FANHWCYC012

所属树种：板栗 *Castanea mollissima* Blume

提 供 人：曹宜成
电　　话：13837636655
住　　址：河南省信阳市平桥区林业科学研究所

调 查 人：范宏伟
电　　话：13837639363
单　　位：信阳农林学院

调查地点：河南省信阳市平桥区五里店街道郝堂村

地理数据：GPS数据（海拔：155m，经度：E114°12'03"，纬度：N32°02'34"）

样本类型：种子、叶、枝条

生境信息

来源于当地，最大树龄350年，丘陵地带，生长于田间坡地，坡度为60°，坡向朝西北。代表生长环境的建群种、优势种、标志种为杨树。受砍伐影响；土地为耕地；土壤质地为黏壤土；种植年限为350年，现存1株，种植农户为1户。

植物学信息

1. 植株情况

乔木，树势弱，树形乱头形。树高3.5m，冠幅东西6m、南北5m，干高2.2m，干周230cm。主干灰色，树皮丝状裂。

2. 植物学特征

1年生枝绿色，较短，节间平均长0.8cm，粗度中等，平均粗0.2cm。嫩梢上茸毛中等，白色。皮目小，少而凸，近圆形。多年生枝灰褐色。小叶长卵圆形，绿色，叶尖渐尖，叶缘粗锯齿，有短针刺。

3. 果实性状

坚果椭圆形，平均单果重7.5g，最大果重8.1g，果顶突，茸毛稀少，底座小而平滑，果面有光泽，果肉黄色，质地致密而细腻，果肉口感细糯，味香甜，含水量45%。

4. 生物学习性

萌芽力弱，发枝力弱。新梢一年平均长8cm，生长势弱。实生树开始结果年龄为8年，盛果期年龄10年。长果枝占10%，中果枝占20%，短果枝占50%，腋花芽结果占20%。果台副梢抽生及连续结果能力弱。单株平均产量（盛果期）50kg。3月上旬萌芽，5月上旬雄花盛开，5月中旬雌花盛开，6月上旬雄花凋落，9月下旬果实采收，11月下旬落叶。

品种评价

抗病，耐贫瘠，广适性。嫁接繁殖。对土壤、地势、栽培条件无要求。果实品质佳，甜糯。

生境

植株

枝干

枝叶

主干

果实

参考文献

蔡荣, 貌佳花, 祁春节. 2007. 板栗产业发展现状、存在问题与对策分析[J]. 中国果菜, (1): 52-53.

曹杰. 2013. 燕山板栗种质资源表型性状研究与评价[D]. 秦皇岛: 河北科技师范学院.

陈洁, 汪浩明, 张丛兰. 2013. 板栗的营养成分及加工特性研究[J]. 现代食品科技, 29(4): 725-728.

陈顺伟, 彭华正, 江美都. 2000. 浙江主栽板栗营养物质的品种和地域差异分析[J]. 经济林研究, 18(3): 13-16.

程军勇, 周席华, 徐春永, 等. 2011. 板栗新品种'八月红'[J]. 园艺学报, 38(12): 2415-2416.

程水源, 李琳玲, 程华, 等. 2015. 板栗新品种'玫瑰红'[J]. 园艺学报, 42(9): 1855-1856.

都荣庭, 刘孟军. 2005. 中国干果[M]. 北京: 中国林业出版社.

高凤英, 张日盈, 郭涛, 2006. 板栗短枝型中间砧矮化增产研究初报[J]. 落叶果树, (3): 5-7.

高海生, 常学东. 2004. 板栗贮藏与加工[M]. 北京: 金盾出版社.

国家林业局. 2011-2014. 中国林业统计年鉴[M]. 北京: 中国林业出版社.

郝福为, 张法瑞. 2013. 中国板栗栽培史考述[J]. 古今农业, 3: 40-48.

黄宏文. 1998. 从世界栗属植物研究的现状看中国栗属资源保护的重要性[J]. 武汉植物学研究, 16(2): 171-176.

黄武刚, 程丽莉, 周志军, 等. 2009. 板栗野生居群与栽培品种间叶绿体微卫星遗传差异初探[J]. 林业科学, 45(10): 62-68.

黄武刚, 程丽莉, 周志军, 等. 2010. 板栗野生居群遗传多样性研究[J]. 果树学报, 27(2): 227-232.

黄武刚. 2003. 中国板栗生产现状、问题与对策[J]. 中国林业, (4): 18-19.

江锡兵, 龚榜初, 汤丹. 2013. 中国部分板栗品种坚果表型及营养成分遗传变异分析[J]. 西北植物学报, 33(11): 2216-2224.

姜德志, 程水源, 王燕, 等. 2011. 罗田3个板栗栽培品种主要营养成分分析[J]. 湖北农业科学, 50(23): 4882-4884.

金松南, 刘徐月, 曹庆芹. 2006. 短雄花序板栗芽变的AFLP分析[J]. 园艺学报, 33(6)1321-1324.

阚黎娜, 李倩, 谢爽爽, 等. 2016. 我国板栗种质资源分布及营养成分比较[J]. 食品工业科学, 20: 396-400.

兰彦平, 周连第, 兰卫宗, 等. 2011. 板栗新品种'怀丰'[J]. 园艺学报, 38(4): 801-802.

兰彦平, 周连第, 姚研武, 等. 2010. 中国板栗种质资源的AFLP分析[J]. 园艺学报, 37(9): 1499-1506.

郎萍, 黄宏文. 1999. 栗属中国特有种居群的遗传多样性及地域差异[J]. 植物学报（英文版）, 41(6): 651-657.

李保国, 张雪梅, 郭素萍, 等. 2010. 加工用板栗新品种'林冠'[J]. 园艺学报, 37(12): 2033-2034.

李作洲, 郎萍, 黄宏文. 2002. 中国板栗居群间等位酶基因频率的空间分布[J]. 武汉植物研究, 20(3): 165-170.

刘国彬, 兰彦平, 曹均. 2011. 中国板栗生殖生物学研究进展[J]. 果树学报, 28(6): 1063-1070.

刘丽华, 李保国, 顾玉红. 2009. 雄性不育板栗雄花序败育过程中的形态学特征及内源激素含量的变化[J]. 中国园艺文摘, 4: 21-27.

刘丽华, 李保国, 齐国辉. 2007. 雄性不育板栗雄花序败育与几种酶活性及MDA含量的关系[J]. 林业科学, 43(4): 121-124.

刘丽华. 2007. 板栗雄性不育生理学机制研究[D]. 保定: 河北农业大学.

刘庆香, 孔德军, 王广鹏. 2010. 板栗新品种'燕晶'[J]. 园艺学报, 37(10): 1705-1706.

刘庆忠, 陈新. 2014. 国家果树种质泰安核桃、板栗圃[J]. 植物遗传资源学报, (1): 2.

刘莹, 宁祖林, 王静, 等. 2009. 板栗和锥栗天然同域居群的叶表型变异研究[J]. 植物科学学报, 27(5): 480-488.

柳鎏, 蔡剑华, 张宇和. 1988. 板栗[M]. 北京: 科学出版社.

柳鎏. 1992. 栗树种质资源的多样性及其保存利用[J]. 植物资源与环境, (1): 18-22.

明桂冬, 田寿乐, 沈广宁, 等. 2010. 早熟板栗新品种'东岳早丰'[J]. 园艺学报, 37(4): 677-678.

庞文路. 2003. 板栗食用价值与加工技术[J]. 中国食物与营养, (11): 98-99.

齐国辉, 郭素萍, 张雪梅, 等. 2010. 板栗早熟新品种'林宝'[J]. 园艺学报, 37(10): 1703-1704.

乔婧芬, 杜浩. 2010. 我国板栗生产存在的问题及可持续发展对策[J]. 现代农业科技, (23): 351-352.

秦岭, 刘德兵, 范崇辉. 2002. 陕西实生板栗居群遗传多样性研究[J]. 西北植物学报, 22(4): 970-974.

秦岭, 张卿, 曹庆芹, 等. 2013. 板栗早熟新品种'京暑红'[J]. 园艺学报, 40(5): 999-1001.

任国慧, 俞明亮, 冷翔鹏, 等. 2013. 我国国家果树种质资源研究现状及展望——基于中美两国国家果树种质资源圃的比较[J]. 中国南方果树, 42(1): 114-118.

沈德绪. 2004. 果树育种学(第二版)[M]. 北京: 中国农业出版社.

沈广宁, 明桂冬, 田寿乐, 等. 2011. 早熟板栗新品种'岱岳早丰'[J]. 园艺学报, 38(7): 1407-1408.

孙海伟, 张继亮, 杨德平, 等. 2014. 泰山板栗早熟优质新品种——'泰林2号'的选育[J]. 果树学报, 31(3): 520-522.

田华, 康明, 李丽, 等. 2009. 中国板栗自然居群微卫星（SSR）遗传多样性[J]. 生物多样性, 2009, 17(3): 296-302.

田寿乐, 明桂冬, 沈广宁, 等. 2010. 板栗新品种'红栗2号'[J]. 园艺学报, 37(5): 849-850.

田寿乐, 明桂冬. 2006. 板栗矮化砧木选育研究进展[J]. 河北林业科技, 21(3): 308-310.

王凤才, 李国田, 刘庆忠. 2009. 板栗野生近缘种野板栗及其命名建议[J]. 落叶果树, (6): 13-15.

王广鹏, 刘庆香, 孔德军. 2011. 适宜密植型板栗新品种——燕光的选育[J]. 果树学报, 28(3): 544-545.

王广鹏, 孔德军, 张树航, 等. 2012. 抗寒板栗新品种'燕兴'[J]. 园艺学报, 39(10): 2085-2086.

王广鹏, 张树航, 韩继成, 等. 2013. 燕山板栗新品种——'燕奎'的选育[J]. 果树学报, 30(2): 328-329.

王静慧, 吴文良. 2003. 我国燕山板栗生产带的优势、问题与对策研究[J]. 中国农业资源与区划, 24(4): 24-28.

王静慧, 吴文良. 2005. 北京市怀柔板栗产业化发展战略研究[J]. 中国生态农业学报, 13(1): 167-169.

王晴芳, 徐育海, 何秀娟. 2011. 湖北大别山区板栗种质资源调查及利用评价[J]. 中国南方果树, 40(3): 44-47.

肖正东. 2002. 安徽省板栗生产现状和产业化发展对策[J]. 经济林研究, 20(1): 52-54.

谢治芳, 洪佩英, 朱干波. 1993. 辐射诱变板栗新品种——'农大1号'高产稳产性状分析[J]. 华南农业大学学报, 14(3): 120-124.

徐育海, 蒋迎春, 王志静, 等. 2010. 加工型板栗新品种——金栗王的选育[J]. 果树学报, 27(1): 156-157.

徐志祥, 高绘菊. 2004. 板栗营养价值及其养生保健功能[J]. 食品研究与开发, (10): 118-119.

杨剑, 唐旭蔚, 涂炳坤, 等. 2004. 栗属中国特有种——板栗、茅栗、锥栗RAPD分析[J]. 果树学报, 21(3): 275-277.

杨剑, 唐旭蔚, 涂炳坤. 2005. 一种与板栗嫁接亲和性高的茅栗居群及其RAPD分析[J]. 经济林研究, 23(1): 24-26.

杨阳, 郭燕, 张树航, 等. 2017. 中国栗属植物起源演化和分类研究进展[J]. 河北农业科学, 21(2): 25-28.

俞飞飞, 孙其宝, 周军永, 等. 2014. 安徽省板栗产业发展现状、存在问题及发展对策[J]. 中国林副特产, 130(3): 87-89.

俞飞飞, 周军永, 陆丽娟, 等. 2014. 安徽省宁国市板栗种质资源调查及评价[J]. 园艺学报, 41(s): 2623.

张辉, Vill F. 1998. 板栗在6个同工酶位点上的遗传变异[J]. 生物多样性, 6(4): 282-286.

张继亮, 李华, 马玉敏, 等. 2010. 泰山板栗丰产优质型新品种——岱丰的选育[J]. 果树学报, 27(1): 316-317.

张靖, 董清华, 杨凯. 2007. 板栗短雄花序异常死亡的超微结构观察[J]. 园艺学报, 34(3): 605-608.

张靖. 2007. 板栗短雄花序发育期间细胞程序性死亡研究[D]. 北京: 北京农学院.

张树航, 李颖, 刘庆香, 等. 2016. 板栗杂交新品种'南垂5号'[J]. 园艺学报, 43(1): 195-196.

张树航, 商贺利, 刘庆香, 等. 2015. 优质早熟板栗新品种'燕金'[J]. 园艺学报, 42(3): 597-598.

张雪丹, 张倩, 辛力. 2012. 板栗壳的化学成分及其应用研究进展[J]. 落叶果树, 44(1): 20-22.

张艳丽, 邵则夏, 陆斌, 等. 2010. 早熟板栗新品种——云夏的选育[J]. 果树学报, 27(3): 475-476.

张宇和, 柳鎏, 梁维坚. 2005. 中国果树志·板栗 榛子卷[M]. 北京: 中国林业出版社.

张宇和, 王福堂, 高新一. 1987. 板栗[M]. 北京: 中国林业出版社.

张宇和. 1963. 栗树研究综述[J]. 园艺学报, 2(2): 133-148.

赵扬, 冯永庆, 秦岭. 2009. 板栗芽变短雄花序发育的细胞形态学观察[J]. 北京农学院学报, 24(2): 9-11.

周礼娟, 芮汉明. 2008. 板栗淀粉加工特性及板栗制品开发研究进展[J]. 中国粮油学报, (3): 205-207.

周连第, 兰彦平, 韩振海. 2006. 板栗品种资源分子水平遗传多样性研究[J]. 华北农学报, 21(3): 81-85.

朱干波. 1981. 快中子辐射对板栗诱变的效应初报[J]. 华南农学院学报, 2(1): 3340.

朱晓琴, 沈元月, 冯永庆. 2009. 应用抑制性消减杂交分离板栗短雄花序芽变相关基因[J]. 果树学报, 26(3): 34.

ALVISI. l993. Economic and commercial aspects of chestnut growing[Z]. Proceedings of the International Congress on Chestnut.

BOUNOUS. 1995. Chestnut industry in Europe[J]. 4(2): 53-60.

BOUNOUS. 2009. Chestnut industry development and quality of the productions[J]. Acta Horticulture,844(844): 21-26.

BRUCE S. 2004. Developing value-Added chestnut products to increase grower profits[R]. Michigan.

CASASOLI M, MATTIONI C, CHERUBINI M, et al. 2001. A genetic linkage map of European chestnut (*Castanea sativa* Mill.) based on RAPD, ISSR and isozyme markers[J]. Theor Appl Genet, 102: 1190-1199.

DANE F, LANG P, HUANG H, et al. 2003. Intercontinental genetic divergence of Castanea species in eastern Asia and eastern North America[J]. Heredity, (91): 314-321.

GAO S, SHAIN L. 1995. Effect of water stress on chestnut blight[J]. Canadian Journal of Forest Research, 25(6): 1030-1035.

HEBARD F V. 1994. Inherit ance of juvenile leaf and stem morphological traits in cr osses of Chinese and Ameri can chestnut[J]. Journal of Heredity, 85(6): 440-446.

HUANG H W, DANE F, NORTON J D. 1994. Genetic analysis of 11 polymorphic isozyme loci in chestnut species and characterization of chestnut cultivars by multi-locus allozyme genotypes[J]. Journal of the American Society for Horticultural Science, 119(4): 840-849.

JAYNES R A. Chestnut[C]//Janick J, Moore J N. Advances in fruits breeding. West Lafayette: Pudure University Press, 1975: 137-155.

MICHAEL G, MIHAELA C. 2005. Competitive market analysis: Chestnut producers. AFTA Conference Proceedings.

STANFORD A M. 1998. The Biogeography and phylogeny of *Castanea*, *Fagus* and *Juglans* based on matK and ITS sequencedata[D]. UNC, Chapel Hill.

TANAKA T, YAMAMOTO T, SUZUKI M. 2005. Genetic diversity of Castanea crenata in Northern Japan assessed by SSR markers[J]. Breeding Science, 55(3): 271-277.

TOKAR F. 2005. 30-Year influence of thinning from above on production of aboveground biomass in European chestnut(*Castanea sativa* Mill.) Monocultures[J]. Ekologia, 24(1): 14-24.

VILLANI F, PIGLIUCCI M, CHERUBINI M. 1994. Evolution of *Castanea sativa* Mill，in Turkey and Europ[J]. Genetics Research, 63: 109-116.

WALLACE R D. 1993. The chestnut industry in United States[Z]. Proceedings of the International Congress on Chestnut.

YAMAMOTO T, SHIMADA T, KOTOBUKI K, et al. 1998. Genetic characterization of Asian chestnut varieties assessed by AFLP[J]. Breeding Science, 48(4): 359-363.

YAMAMOTO T, TAHAKA T, KOTOBUKI K, et al. 2003. Characterization of simple sequencerepeats in Japanese chestnut[J]. The Journal of Horticultural Science and Biotechnology, 78(2): 197-203.

ZOHARRY D, HOPF M. 1998. Domestication of plants in the world[M]. Poxford: Clarendon Press, 37(3): 220.

附录一
各树种重点调查区域

树种	重点调查区域	
	区域	具体区域
石榴	西北区	新疆叶城，陕西临潼
	华东区	山东枣庄，江苏徐州，安徽怀远、淮北
	华中区	河南开封、郑州、封丘
	西南区	四川会理、攀枝花，云南巧家、蒙自，西藏山南、林芝、昌都
樱桃		河南伏牛山，陕西秦岭，湖南湘西，湖北神农架，江西井冈山等；其次是皖南，桂西北，闽北等地
核桃	东部沿海区	辽东半岛的丹东、庄河、瓦房店、普兰店，辽西地区，河北卢龙、抚宁、昌黎、遵化、涞水、易县、阜平、平山、赞皇、邢台、武安，北京平谷、密云、昌平，天津蓟县、宝坻、武清、宁河，山东长清、泰安、章丘、苍山、费县、青州、临朐，河南济源、林州、登封、濮阳、辉县、柘城、罗山、商城，安徽亳州、涡阳、砀山、萧县，江苏徐州、连云港
	西北区	山西太行、吕梁、左权、昔阳、临汾、黎城、平顺、阳泉，陕西长安、户县、眉县、宝鸡、渭北，甘肃陇南、天水、宁县、镇原、武威、张掖、酒泉、武都、康县、徽县、文县，青海民和、循化、化隆、互助、贵德，宁夏固原、灵武、中卫、青铜峡
	新疆区	和田、叶城、库车、阿克苏、温宿、乌什、莎车、吐鲁番、伊宁、霍城、新源、新和
	华中华南区	湖北郧县、郧西、竹溪、兴山、秭归、恩施、建始，湖南龙山、桑植、张家界、吉首、麻阳、怀化、城步、通道，广西都安、忻城、河池、靖西、那坡、田林、隆林
	西南区	云南漾濞、永平、云龙、大姚、南华、楚雄、昌宁、宝山、施甸、昭通、永善、鲁甸、维西、临沧、凤庆、会泽、丽江，贵州毕节、大方、威宁、赫章、织金、六盘水、安顺、息烽、遵义、桐梓、兴仁、普安，四川巴塘、西昌、九龙、盐源、德昌、会理、米易、盐边、高县、筠连、叙永、古蔺、南坪、茂县、理县、马尔康、金川、丹巴、康定、泸定、峨边、马边、平武、安州、江油、青川、剑阁
	西藏区	林芝、米林、朗县、加查、仁布、吉隆、聂拉木、亚东、错那、墨脱、丁青、贡觉、八宿、左贡、芒康、察隅、波密
板栗	华北	北京怀柔，天津蓟县，河北遵化、承德，辽宁凤城，山东费县，河南平桥、桐柏、林州，江苏徐州
	长江中下游	湖北罗田、京山、大悟、宜昌，安徽舒城、广德，浙江缙云，江苏宜兴、吴中、南京
	西北	甘肃南部，陕西渭河以南，四川北部，湖北西部，河南西部
	东南	浙江，江西东南部，福建建瓯、长汀，广东广州，广西阳朔，湖南中部
	西南	云南寻甸、宜良，贵州兴义、毕节、台江，四川会理，广西西北部，湖南西部
	东北	辽宁，吉林省南部
山楂	北方区	河南林县、辉县、新乡，山东临朐、沂水、安丘、潍坊、泰安、莱芜、青州，河北唐山、沧州、保定，辽宁鞍山、营口等地
	云贵高原区	云南昆明、江川、玉溪、通海、呈贡、昭通、曲靖、大理，广西田阳、田东、平果、百色，贵州毕节、大方、威宁、赫章、安顺、息烽、遵义、桐梓
柿	南方	广东五华、潮汕，福建安溪、永泰、仙游、大田、云霄、莆田、南安、龙海、漳浦、诏安，湖南祁阳
	华东	浙江杭州，江苏邳县，山东菏泽、益都、青岛
	北方	陕西富平、三原、临潼，河南荥阳、焦作、林州，河北赞皇，甘肃陇南，湖北罗田
枣	黄河中下游流域冲积土分布区	河北沧州、赞皇和阜平，河南新郑、内黄、灵宝，山东乐陵和庆云，陕西大荔，山西太谷、临猗和稷山，北京丰台和昌平，辽宁北票、建昌等
	黄土高原丘陵分布区	山西临县、柳林、石楼和永和，陕西佳县和延川
	西北干旱地带河谷丘陵分布区	甘肃敦煌、景泰，宁夏中卫、灵武，新疆喀什

树种	重点调查区域	
	区域	具体区域
李	东北区	黑龙江，吉林，辽宁，内蒙古东部
	华北区	河北，山东，山西，河南，北京，天津
	西北区	陕西，甘肃，青海，宁夏，新疆，内蒙古西部
	华东区	江苏，安徽，浙江，福建，台湾，上海
	华中区	湖北，湖南，江西
	华南区	广东，广西
	西南及西藏区	四川，贵州，云南，西藏
杏	华北温带区	北京，天津，河北，山东，山西，陕西，河南，江苏北部，安徽北部，辽宁南部，甘肃东南部
	西北干旱带区	新疆天山，伊犁河谷，甘肃秦岭西麓、子午岭、兴隆山区，宁夏贺兰山区，内蒙古大青山、乌拉山区
	东北寒带区	大兴安岭、小兴安岭和内蒙古与辽宁、吉林、华北各省交界的地区，黑龙江富锦、绥棱、齐齐哈尔
	热带亚热带区	江苏中部、南部，安徽南部，浙江，江西，湖北，湖南，广西
	西南高原区	西藏芒康、左贡、八宿、波密、加查、林芝，四川泸定、丹巴、汶川、茂县、西昌、米易、广元，贵州贵阳、惠水、盘州、开阳、黔西、毕节、赫章、金沙、桐梓、赤水，云南呈贡、昭通、曲靖、楚雄、建水、永善、祥云、蒙自
猕猴桃	重点资源省份	云南昭通、文山、红河、大理、怒江，广西龙胜、资源、全州、兴安、临桂、灌阳、三江、融水，江西武夷山、井冈山、幕阜山、庐山、石花尖、黄岗山、万龙山、麻姑山、武功山、三百山、军峰山、九岭山、官山、大茅山，湖北宜昌，陕西周至，甘肃武都，吉林延边
梨	辽西京郊地区	辽宁鞍山、海城、绥中、盘山，京郊大兴、怀柔、平谷、大厂
	云贵川地区	云南迪庆、丽江、红河、富源、昭通、思茅、大理、巍山、腾冲，贵州六盘水、河池、金沙、毕节、赫章、威宁、凯里，四川乐山、会理、盐源、昭觉、德昌、木里、阿坝、金川、小金、江油、汉源、攀枝花、达川、简阳
	新疆、西藏地区	库尔勒、喀什、和田、叶城、阿克苏、托克逊、林芝、日喀则、山南
	陕甘宁地区	延安、榆林、庆阳、张掖、酒泉、临夏、宁南、陇西、武威、固原、吴忠、西宁、民和、果洛
	广西地区	凭祥、百色、浦北、灌阳、灵川、博白、苍梧、来宾
桃	西北高旱区	新疆、陕西、甘肃、宁夏等地
	华北平原区	位于淮河、秦岭以北，包括北京、天津、河北大部、辽宁南部、山东、山西、河南大部、江苏和安徽北部
	长江流域区	江苏南部、浙江、上海、安徽南部、江西和湖南北部、湖北大部及成都平原、汉中盆地
	云贵高原区	云南、贵州和四川西南部
	青藏高原区	西藏、青海大部、四川西部
	东北高寒区	黑龙江海伦、绥棱、齐齐哈尔、哈尔滨，吉林通化和延边延吉、和龙、珲春一带
	华南亚热带区	福建、江西、湖南南部、广东、广西北部
苹果	东北区	辽宁铁岭、本溪，吉林公主岭、延边、通化，黑龙江东南部，内蒙古库伦、通辽、奈曼旗、宁城
	西北区	新疆伊犁、阿克苏、喀什，陕西铜川、白水、洛川，甘肃天水，青海循化、化隆、尖扎、贵德、民和、乐都、黄龙山区，秦岭山区
	渤海湾区	辽宁大连、普兰店、瓦房店、盖州、营口、葫芦岛、锦州，山东胶东半岛、临沂、潍坊、德州，河北张家口、承德、唐山，北京海淀、密云、昌平
	中部区	河南、江苏、安徽等省的黄河故道地区，秦岭北麓渭河两岸的河南西部、湖北西北部、山西南部
	西南高地区	四川阿坝、甘孜、凤县、茂县、小金、理县、康定、巴塘，云南昭通、宣威、红河、文山，贵州威宁、毕节，西藏昌都、加查、朗县、米林、林芝、墨脱等地
葡萄	冷凉区	甘肃河西走廊中西部，晋北，内蒙古土默川平原，东北中北部及通化地区
	凉温区	河北桑洋河谷盆地，内蒙古西辽河平原，山西晋中、太古，甘肃河西走廊、武威地区，辽宁沈阳、鞍山地区
	中温区	内蒙古乌海地区，甘肃敦煌地区，辽南、辽西及河北昌黎地区，山东青岛、烟台地区，山西清徐地区
	暖温区	新疆哈密盆地，关中盆地及晋南运城地区，河北中部和南部
	炎热区	新疆吐鲁番盆地、和田地区、伊犁地区、喀什地区，黄河故道地区
	湿热区	湖南怀化地区，福建福安地区

附录二
各省（自治区、直辖市）主要调查树种

区划	省（自治区、直辖市）	主要落叶果树树种
华北	北京	苹果、梨、葡萄、杏、枣、桃、柿、李
	天津	板栗、李、杏、核桃
	河北	苹果、梨、枣、桃、核桃、山楂、葡萄、李、柿、板栗、樱桃
	山西	苹果、梨、枣、杏、葡萄、山楂、核桃、李、柿
	内蒙古	苹果、枣、李、葡萄
东北	辽宁	苹果、山楂、葡萄、枣、李、桃
	吉林	苹果、板栗、李、猕猴桃、桃
	黑龙江	苹果、板栗、李、桃
华东	上海	桃、李、樱桃
	江苏	桃、李、樱桃、梨、杏、枣、石榴、柿、板栗
	浙江	柿、梨、桃、枣、李、板栗
	安徽	梨、桃、石榴、樱桃、李、柿、板栗
	福建	葡萄、樱桃、李、柿子、桃、板栗
	江西	柿、梨、桃、李、猕猴桃、杏、板栗、樱桃
	山东	苹果、杏、梨、葡萄、枣、石榴、山楂、李、桃、板栗
华中	河南	枣、柿、梨、杏、葡萄、桃、板栗、核桃、山楂、樱桃、李
	湖北	樱桃、柿、李、猕猴桃、杏树、桃、板栗
	湖南	柿、樱桃、李、猕猴桃、桃、板栗
华南	广东	柿、李、杏、猕猴桃
	广西	樱桃、李、杏、猕猴桃
西南	重庆	梨、苹果、猕猴桃、石榴、板栗
	四川	梨、苹果、猕猴桃、石榴、桃、板栗、樱桃
	贵州	李、杏、猕猴桃、桃、板栗
	云南	石榴、李、杏、猕猴桃、桃、板栗
	西藏	苹果、桃、李、杏、猕猴桃、石榴
西北	陕西	苹果、杏、枣、梨、柿、石榴、桃、葡萄、樱桃、李、板栗
	甘肃	苹果、梨、桃、葡萄、枣、杏、柿、李、板栗
	青海	苹果、梨、核桃、桃、杏、枣
	宁夏	苹果、梨、枣、杏、葡萄、李、板栗
	新疆	葡萄、核桃、梨、桃、杏、石榴、李

附录三
工作路线

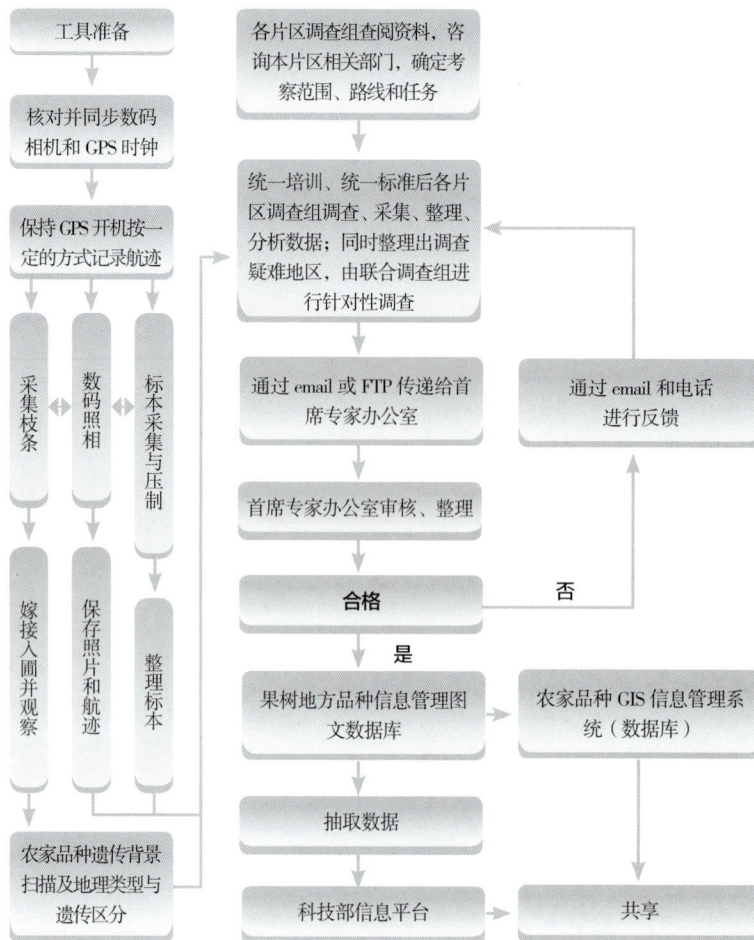

工具准备

↓

核对并同步数码相机和 GPS 时钟

↓

保持 GPS 开机按一定的方式记录航迹

↓

采集枝条 | 数码照相 | 标本采集与压制

↓

嫁接入闸并观察 | 保存照片和航迹 | 整理标本

↓

农家品种遗传背景扫描及地理类型与遗传区分

各片区调查组查阅资料，咨询本片区相关部门，确定考察范围、路线和任务

↓

统一培训、统一标准后各片区调查组调查、采集、整理、分析数据；同时整理出调查疑难地区，由联合调查组进行针对性调查

↓

通过 email 或 FTP 传递给首席专家办公室 ← 通过 email 和电话进行反馈

↓

首席专家办公室审核、整理

↓

合格 —— 否

↓ 是

果树地方品种信息管理图文数据库 | 农家品种 GIS 信息管理系统（数据库）

↓

抽取数据

↓

科技部信息平台 | 共享

附录四
工作流程

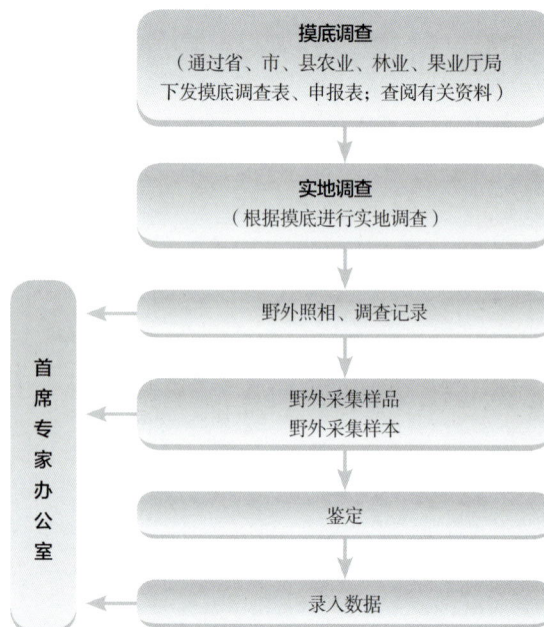

摸底调查
（通过省、市、县农业、林业、果业厅局下发摸底调查表、申报表；查阅有关资料）

↓

实地调查
（根据摸底进行实地调查）

↓

野外照相、调查记录

↓

野外采集样品
野外采集样本

↓

鉴定

↓

录入数据

首席专家办公室

板栗品种中文名索引

板栗品种调查编号索引